U0395272

格致方法·定量研究系列　吴晓刚　主编

分析制图与地理数据库

[美]　G.戴维·加森(G. David Garson)
罗伯特·S.比格斯(Robert S. Biggs)　著
曾东林 译　梁海祥 校

SAGE Publications, Inc.

格致出版社　上海人民出版社

出版说明

由香港科技大学社会科学部吴晓刚教授主编的“格致方法·定量研究系列”丛书，精选了世界著名的SAGE出版社定量社会科学研究丛书，翻译成中文，起初集结成八册，于2011年出版。这套丛书自出版以来，受到广大读者特别是年轻一代社会科学工作者的热烈欢迎。为了给广大读者提供更多的方便和选择，该丛书经过修订和校正，于2012年以单行本的形式再次出版发行，共37本。我们衷心感谢广大读者的支持和建议。

随着与SAGE出版社合作的进一步深化，我们又从丛书中精选了三十多个品种，译成中文，以飨读者。丛书新增品种涵盖了更多的定量研究方法。我们希望本丛书单行本的继续出版能为推动国内社会科学定量研究的教学和研究作出一点贡献。

总序

2003年，我赴港工作，在香港科技大学社会科学部教授研究生的两门核心定量方法课程。香港科技大学社会科学部自创建以来，非常重视社会科学研究方法论的训练。我开设的第一门课“社会科学里的统计学”(Statistics for Social Science)为所有研究型硕士生和博士生的必修课，而第二门课“社会科学中的定量分析”为博士生的必修课(事实上，大部分硕士生在修完第一门课后都会继续选修第二门课)。我在讲授这两门课的时候，根据社会科学研究生的数理基础比较薄弱的特点，尽量避免复杂的数学公式推导，而用具体的例子，结合语言和图形，帮助学生理解统计的基本概念和模型。课程的重点放在如何应用定量分析模型研究社会实际问题上，即社会研究者主要为定量统计方法的“消费者”而非“生产者”。作为“消费者”，学完这些课程后，我们一方面能够读懂、欣赏和评价别人在同行评议的刊物上发表的定量研究的文章；另一方面，也能在自己的研究中运用这些成熟的方法论技术。

上述两门课的内容，尽管在线性回归模型的内容上有少量重复，但各有侧重。“社会科学里的统计学”从介绍最基本的社会研究方法论和统计学原理开始，到多元线性回归模型结束，内容涵盖了描述性统计的基本方法、统计推论的原理、假设检验、列联表分析、方差和协方差分析、简单线性回归模型、多元线性回归模型，以及线性回归模型的假设和模型诊断。“社会科学中的定量分析”则介绍在经典线性回归模型的假设不成立的情况下的一些模型和方法，将重点放在因变量为定类数据的分析模型上，包括两分类的 logistic 回归模型、多分类 logistic 回归模型、定序 logistic 回归模型、条件 logistic 回归模型、多维列联表的对数线性和对数乘积模型、有关删节数据的模型、纵贯数据的分析模型，包括追踪研究和事件史的分析方法。这些模型在社会科学研究中有着更加广泛的应用。

修读过这些课程的香港科技大学的研究生，一直鼓励和支持我将两门课的讲稿结集出版，并帮助我将原来的英文课程讲稿译成了中文。但是，由于种种原因，这两本书拖了多年还没有完成。世界著名的出版社 SAGE 的“定量社会科学研究”丛书闻名遐迩，每本书都写得通俗易懂，与我的教学理念是相通的。当格致出版社向我提出从这套丛书中精选一批翻译，以飨中文读者时，我非常支持这个想法，因为这从某种程度上弥补了我的教科书未能出版的遗憾。

翻译是一件吃力不讨好的事。不但要有对中英文两种语言的精准把握能力，还要有对实质内容有较深的理解能力，而这套丛书涵盖的又恰恰是社会科学中技术性非常强的内容，只有语言能力是远远不能胜任的。在短短的一年时间里，我们组织了来自中国内地及香港、台湾地区的二十几位研究生参与了这项工程，他们当时大部分是香港科技大学的硕士和博士研究生，受过严格的社会科学统计方法的训练，也有来自美国等地对定量研究感兴趣的博士研究生。他们是香港科技大学社会科学部博士研究生蒋勤、李骏、盛智明、叶华、张卓妮、郑冰岛，硕士研究生贺光烨、李兰、林毓玲、肖东亮、辛济云、於嘉、余珊珊，应用社会经济研究中心研究员李俊秀；香港大学教育学院博士研究生洪岩璧；北京大学社会学系博士研究生李丁、赵亮员；中国人民大学人口学系讲师巫锡炜；中国台湾"中央"研究院社会学所助理研究员林宗弘；南京师范大学心理学系副教授陈陈；美国北卡罗来纳大学教堂山分校社会学系博士候选人姜念涛；美国加州大学洛杉矶分校社会学系博士研究生宋曦；哈佛大学社会学系博士研究生郭茂灿和周韵。

参与这项工作的许多译者目前都已经毕业，大多成为中国内地以及香港、台湾等地区高校和研究机构定量社会科学方法教学和研究的骨干。不少译者反映，翻译工作本身也是他们学习相关定量方法的有效途径。鉴于此，当格致出版社和 SAGE 出版社决定在"格致方法·定量研究系列"丛书中推出另外一批新品种时，香港科技大学社会科学部的研究生仍然是主要力量。特别值得一提的是，香港科技大学应用社会经济研究中心与上海大学社会学院自 2012 年夏季开始，在上海（夏季）和广州南沙（冬季）联合举办"应用社会科学研究方法研修班"，至今已经成功举办三届。研修课程设计体现"化整为零、循序渐进、中文教学、学以致用"的方针，吸引了一大批有志于从事定量社会科学研究的博士生和青年学者。他们中的不少人也参与了翻译和校对的工作。他们在繁忙的学习和研究之余，历经近两年的时间，完成了三十多本新书的翻译任务，使得“格致方法·定量研究系列”丛书更加丰富和完善。他们是：东南大学社会学系副教授洪岩璧，香港科技大学社会科学部博士研究生贺光烨、李忠路、王佳、王彦蓉、许多多，硕士研究生范新光、缪佳、武玲蔚、臧晓露、曾东林，原硕士研究生李兰，密歇根大学社会学系博士研究生王骁，纽约大学社会学系博士研究生温芳琪，牛津大学社会学系研究生周穆之，上海大学社会学院博士研究生陈伟等。

陈伟、范新光、贺光烨、洪岩璧、李忠路、缪佳、王佳、武玲蔚、许多多、曾东林、周穆之，以及香港科技大学社会科学部硕士研究生陈佳莹，上海大学社会学院硕士研究生梁海祥还协助主编做了大量的审校工作。格致出版社编辑高璇不遗余力地推动本丛书的继续出版，并且在这个过程中表现出极大的耐心和高度的专业精神。对他们付出的劳动，我在此致以诚挚的谢意。当然，每本书因本身内容和译者的行文风格有所差异，校对未免挂一漏万，术语的标准译法方面还有很大的改进空间。我们欢迎广大读者提出建设性的批评和建议，以便再版时修订。

我们希望本丛书的持续出版，能为进一步提升国内社会科学定量教学和研究水平作出一点贡献。

吴晓刚

于香港九龙清水湾

目 录

序

在社会科学领域,地图是一个被忽视了的分析工具。鉴于地理在人类行为中的影响,这种忽视显得难以解释。究其根源,这看起来很大程度上在于难以有效和方便地使用地图。例如,假设政治学家简·怀特(Jane White)想要研究1988年美国总统大选中关于民主党选票的选举地理学。那么她是应该根据选票百分比在州(区、县?)层级进行晕渲(shading)的等值区域图(choropleth map)吗?如果是的话,那她到哪里去获得地图?应该使用哪一种晕渲方法?以及设置多少精度的晕渲效果呢?当她检查已完成的地图后,会发现在这个国家的地区与投票之间的关系吗?她如何量化这种关系呢?其他非地理因素能否也被添加进来以检验这种关系呢?当根据先前的选举构建类似的地图时,我们能够观察到随着时间发生怎样的变化呢?

要想回答上述问题，怀特教授必须以某种方式收集、存储、展示并且分析这些选举的地理数据。因为在过去，该项工作涉及高强度的手工作业，导致现代的定量政治学家选择回避它。幸运的是，这本由加森(Garson)和比格斯(Biggs)完成的专著展示了这些传统的困难是如何被解决的。当代的分析人员可以获得很多价格合理、基于计算机的地理信息系统(GIS)软件，并将其与许多易于获取的地理数据资源相结合。例如，美国人口普查局(U. S. Bureau of the Census)建立了拓扑集成地理编码与参考(Topologically Integrated Geographic Encoding and Referencing, TIGER)文件，其中包含了第一张数字化的美国街区地图。TIGER可以添加到GIS软件包，如Safari*(来自Geographic Data Technology公司)。一旦研究人员选择了合适的数据集和软件，就可以直接转向分析制图了。

作者回顾了多种类型的地图——仅举几个例子：UBC、密度(dasymetric)、街区(block)、等值(isarithmic)——并解释了大量有趣的、不常见的汇总统计，如地理均值(geographic means)、区位熵(location quotients)和空间相关(areal correspondence)。对统计的理解将引导我们利用地图进行建模，其中将会用到多变量回归技术(multivariate regression)，正如GIS软件与标准的统计软件(如SAS)结合一样。

---

* 由于本书英文版出版时间较早，其中提到的一些GIS软件工具已经更新换代或者不再使用。——译者注

GIS与分析制图的潜在应用超出了常规的社会科学领域。分析制图已经广泛应用于政府部门，规划人员与政策制定者将其用于学校、再分区、税务、自然灾害以及犯罪等问题。例如，应用在华盛顿州塔科马市的犯罪分析制图系统(Crime Analysis Mapping System)，使得犯罪数据与人口普查数据能够以精妙的方式展示在地图上。正如加森和比格斯在这本急需的导论中清晰描述的那样，在传统的数据分析向地理驱动分析的转变过程中，我们将受益匪浅。

迈克尔·S.刘易斯—贝克

第1章

导 论

在过去十年中,使用地理数据库的分析制图领域得到了极大的发展。过去十年的显著特征是:(1)出现了大部分社会科学家都负担得起的“微计算机革命”和复杂地理信息系统(GIS)*软件的桌面版本;(2)改善了的地理数据收集与传播,其中包括美国人口普查局出版了首幅数字化的全美地图;(3)通过GIS软件将复杂的分析技术应用到地理数据中的方法在不断进步。分析制图如同其他应用到数据分析的可视化方法一样,曾经需要难以置信的繁重工序,但现在可以由计算机来完成。其全面影响在最近才显现出来。例如,据估计在联邦层面广泛使用GIS的政府机构,其数目增加了不止一倍,从1990年的18个增长到1992年的44个(U.S. General Accounting Office, 1991)。分析制图有非常多的应用,不仅仅局限于政府政策层面,也被广泛地应用到社会科学课题中。任何随着空间和时

* GIS与地理信息系统(Geographic Information System)在文中表述等同。——译者注

间的动态扩散与分布的变量，都属于分析制图的范畴。对社会科学家而言，只有统计分析才是最重要的，然而看起来这个领域被社会研究方法的研究生课程刻意回避了，该问题的根源产生于分析制图技术对普通社会科学家而言变得切实可行之前。

遗憾的是，GIS 倾向于成为机构专家的特有领域，而非一个通用的工具，正如发生在统计软件上的那样。“通常，具有计算机操作背景的人会听过或者见过地理信息系统或者自动化制图系统，并且通过参加会议或者研讨会，成为该项技术的推动者，”一位分析人员最近写道。“运气好的话，”这位分析人员继续写道，他“将会最终整合足够的资源建立一个系统，并且可以期待成为这个系统的管理者。这个机构(agency)的其他工作人员将会非常高兴地发现他们的部门正在应用这项新技术，但是同样值得高兴的是掌握这个系统的所有责任都落在跟进这个系统的专业人士身上”(Tomlinson Associates，1989：174)。用一门关于经济学、政治学、心理学或者社会学的学科可替换上述提到的“机构”，并且该声明也同样适用于社会科学。

地理信息系统就是硬件和软件的组合，其为了管理与地理位置有关的数据而整合了计算机图形学和关系数据库(Ripple，1989)。这些地理数据在本质上既是空间的又是描述性的。描述性的数据和文本被存储在关系数据库中。这个独一无二的 GIS 组件就是一个系统，能够追踪诸如一条数据库记录相对于另外一条数据库记录的“距离”(nearness)这样的空间概念,以及其他可能的关系,例如“南边/北边”、“内部/外部”,或者“上方/下方”。在高级应用里,关系可能包括与当时太阳轨迹或风向有关的地理单位的原点,以及噪声分布,或者可能涉及三维地图,正如用于波士顿港清理作业的GIS那样(Ardalan, 1988)。

计算机制图在政府中特别重要,因此对于那些研究政府政策的社会科学家尤为如此。据估计在地方政府政策制定者的信息需求中,大约有80%是与地理空间有关的(Williams, 1987:151)。重新划分区域就是一个常见的例子,如同与公共事务、税务评估、公共事业监管、规划相关的很多活动一样。制图功能的计算机化使得人口普查、税务、犯罪及其他数据可以在地图上表达出来;使得所有地图都能以集中的方式更新,并且不易损坏或丢失;使得地图更容易操作,包括在任意比例尺下的自动输出;也能自动提供与地图关联的数据(如,给位于邻近地块的那些受到再分区听证会影响的所有业主邮寄标签)。

美国人口普查局的拓扑集成地理编码与参考(Topologically Integrated Geographic Encoding and Referencing, TIGER)系统彻底改革了制图,实现了惊人的细节分析。地理信息系统现在是一个几十亿美元的产业,因为政策制定者发现来自GIS的地理分析人员比主导社会科学的传统统计分析人员更为实用。即便是在统计分析领域,对数据组合的图形表达也已经成为首选的建模和分析技术。社会科学部门往往把这些日益重要的领域推向计算机科学家、地理学家和市场营销专家，但是来自这些领域的技术在社会科学的方法论指导中理应处于一个中心的位置。

地理信息系统注定了要在社会科学分析中扮演一个更为重要的角色。一项关于 GIS 的全国性政策是由美国预算管理办公室(U.S. Office of Management of Budget)主任理查德·达曼(Richard Darman)于 1990 年 10 月 19 日签署的“A-16 修正公告”(Revised Circular A-16)确立。公告成立了联邦地理数据委员会(Federal Geographic Data Committee，FGDC)，其目的是与州、地方政府以及私人部门一道，建立一个全国性的数字空间信息资源的指导方针。美国地质调查局(U.S. Geological Survey)下属的国家测绘部(National Mapping Division)主任洛厄尔·斯塔尔(Lowell Starr)称这个公告为“过去 10 年里在协调测绘、制图以及其他空间数据相关方面最有意义的事件”(引于 Warnecke，1990:45)。基于但不局限于美国人口普查局的 TIGER 数据库——正如后面所讨论的那样，这项政策倡议吸引了数亿美元的开发资金，其成果涉及社会科学家感兴趣的广泛政策领域(见 Bossler，Finnie，Petchenik & Musselman，1990)。至于 GIS 与制图的历史，参看 Parent & Church(1989)。

尽管大规模的 GIS 应用需要大型计算机的运算能力，

但是大部分 GIS 的功能可以通过易于获得的微型计算机操作，从而被应用于社会科学中。尤其是对于那些迅速成为 20 世纪 90 年代学术界标准配置的 32 位微型计算机——例如基于 80386 芯片，情况就更是如此了。在本书中，我们主要关注的是上述类别的应用，而不是关注专业地理学家使用的那些运行在大型机上的专业软件，其绘图的正确性需要限制在英尺甚至英寸的级别内——这有别于社会科学应用。

第1节 | 术语

地理信息系统可以被定义为硬件和软件的组合，它为了管理与地理位置有关的数据而整合了计算机图形学和关系数据库。如同所有的定义一样，这个定义也引起了一些讨论。管理数据是一个模棱两可的短语：尽管各种GIS软件包在这个功能上都差不多，但通常来说GIS也包括存储、检索、分析、叠加、展示，以及输出地图和报告。并且，尽管今天看来GIS数据库普遍为关系数据库，但是早期的GIS数据库并非都是如此。

GIS术语

一些GIS被用在法律方面，比如为了税务评估而用它来跟踪物业（property），这些被称为地籍数据库（cadastral database），因为它们处理了公开登记的测量资料和物业所有权名称相关的地图。地籍数据库仅仅是大量地理数据库中的一种，地理数据库可处理任何地理编码空间信息。

地理编码(geocoding)指的是把空间标识指派到点、线、要素,正如通过指派纬度/经度到点数据那样。平行线是纬度的同义词,而子午线是经度的同义词。坐标是以度、分、秒为单位,以赤道和本初子午线(穿过英格兰的格林威治)为参照而测量的。例如,“100 28 40 W”是“西经100度28分40秒”的缩写。如果没有注明方向,那么默认的方向就是指东经或者北纬。比例尺是地图距离与实际距离的比例,其中“小比例尺地图”是指大区域的地图(如国家),“大比例尺”地图就是指较小区域的地图(如社区)。例如,街区地图可能是1∶2 000的比例尺,而国家地图可能是1∶1 000 000。“RF 1∶1 000 000”表示“数字比例尺”(representative fraction)的比例是1比1 000 000。通常这个比例是1毫米对1公里。

地图比例尺是地图距离与实际距离的比例,其中地图距离通常以1来表示。例如,1∶100 000意味着地图上的1英寸代表实际距离100 000英寸,约合1.6英里。矢量地图的其中一个优势是在任意比例尺下的显示都可以自动完成,因此相比于大要素,较小的要素可以在不同的地图上以更大的比例尺来显示。一个大比例尺地图意味着在比率中具有更小的分母项。例如,1∶10 000的地图相对于1∶1 000 000的地图而言就是大比例尺地图。

坐标通常是基于北美1983大地基准(North American Datum of 1983, NAD83),但是在一些更旧的数据里面,我们也许会发现其坐标是基于北美1927大地基准(NAD27)。美国国家大地测量局(National Geodetic Survey)的NADCON程序是把NAD27坐标转换成NAD83坐标的标准方法。商业性的工具如Tralaine同样满足这个要求。

任意两个地图点之间的距离并不是二维纸板上的一条直线。两点间的最短距离是沿着地球的一条大圆弧,这样使得圆周通过这两个点,并且这个圆的中心就是地球的中心。方位角(azimuth)是一条大圆弧的方向,以偏离指北方向的角度来测量。当在GIS中指定了方向,也就指定了一个方位角,一些系统允许用户输入方位点(E, ENE, NE等)。

要素(feature)是区域、线,或者点,其中区域就是诸如地块、政治区域,或者用户定义的区域,通常但并不总是连续的。很多GIS使用要素这个术语来指代那些区域并连同区域所包含的线和点。区域、线、点必须要经过地理编码。区域也被称为区和多边形有一些区域包括多个多边形,如内陆湖泊(大盐湖),或者外岛(佛罗里达群岛),这些是基于内部或外部多边形而被称为湖或者岛,即便它们实际上并不是湖泊或者岛屿(如,莱索托是位于南非联邦内部的一个“湖”)。因为变换的投影会影响要素的相对大小,对投影的选择有可能使得显示出现偏差。例如,墨卡托投影就因为在这个投影下欧洲所显示的尺寸,而被指责为“以欧洲为中心的”(Rice, 1990)。

拓扑学(topology),即空间关系的数学运算,在地图环境下指的是以一种集成的方式定义和管理点、线、区域,使得一个元素的变化带动所有相关的元素自动被调整。在制图中特别重要的是,共同边界需要处理好,使得“碎片”不会显示出来(在区域相邻的边界线上的细小缺口或者重叠)。更好的数字化软件包可以通过检查可疑的区域并提示用户进行改正,使用户可以“清理”这样的缺口或者重叠。用户可以设置自定义参数,如果缺口被程序发现,软件会根据参数并遵循一定的逻辑规则而自动修正这些缺口。

要素在 GIS 中被组织成图层(layer),其中可能包括政治边界、人口普查边界、道路、水流,或者警察站点。这些图层的坐标信息被存储在面图层文件、线图层文件,或者是点图层文件,这取决于内容的性质。这种组织方式使得地图可以叠加,我们便能够显示或者关闭不同的视图数据,并且不同图层的交集可以用来生成新的图层。

在 GIS 中,要素通常是基于向量绘制,即一个文件的生成是通过定义一个要素,而要素又是通过由一系列的点坐标形成线系列。矢量的方法把点坐标连接成像多边形这样的一个整体来生成面或者曲线,以此来定义单个的地图元素。基于矢量的地图把地理信息存储为 $x—y$ 的坐标链,进而绘制地图。向量允许我们以不同的比例尺、方向和图层无失真地绘制地图。除了 GIS 软件,商业的矢量图形软件，如 Corel Draw、Applause II、Harvard Graphics、Freelance Plus 和 Mirage，也可以用来操作矢量文件。

此外，要素也可以被绘制成基于栅格(raster)或者位图(bitmap)，如通过记录航拍的照片，这正如其他形式的图片也可以存储为计算机文件一样。栅格的方法如同在一个网格中的小方格那样，它自动展示所有地图要素，因此缺少关系结构。栅格图片形式的地图简单地把一幅地图的图片存储为一系列的像素(点)，正如一张数字化照片那样操作。栅格图片可以通过调整单个像素(最小的显示点)的颜色来编辑，但是如果图片被收缩或者扩展得太多，锯齿形边缘和变形就会出现。Sheryaev(1977)等人已经发展了一些方法，用于制图的标准化和改善栅格方法的效率。商业化制图软件包如 PC Paintbrush 和 Applause Paint 支持栅格图形。尽管栅格图像非常精细并且色彩丰富，但其处理方法不够灵活，并且在 GIS 系统中只扮演较小角色。一种被称为自动跟踪(autotracing)的方法可以把栅格转换成矢量文件。

对矢量或栅格文件的实际编辑需要在更为强大的 GIS 软件包中完成，或者也可以通过 CAD(computer-aided design)软件来完成，后者允许编辑、叠加、标注，以及其他图形操作。专门为制图而量身定做的 CAD 软件包也称为 CAM(computer-aided mapping)或者 AM/FM(automated mapping/facilities management)软件包。AM/FM 在制图函数和数据管理能力方面都提供了一个较高的精度，但不同于GIS的是它无法在一个多边形内对点定位，并且无法输出高质量的地图。

投影

投影(projection)是指把球状表面转换为可在纸板平面上二维展示的方法(见 Snyder & Steward, 1988)。等角投影(conformal projection)保留要素之间的局部角度，即区域的形状被保留。也就是说，两条相交线之间的角度在等角投影地图上与在地球上是一致的，但是等角投影使得较长的要素发生形状上的变形。最常见的4种等角投影是墨卡托投影(Mercator)、球面投影(stereographic)、横轴墨卡托投影(transverse Mercator)和兰伯特等角圆锥投影(Lambert conformal conic)。

在地图投影方面有大量的介绍性文献(例如，Dent, 1990: chap.2; McDonnell, 1979; Monmonier, 1991: chap.2; Richardson & Adler, 1972; Snyder, 1987)。涅尔盖什和扬科夫斯基(Nyerges & Jankowski, 1989; Jankowski & Nyerges, 1989)已经开发出一套专业的系统帮助用户决定哪一种投影适合他们的研究需要。一般而言，普通的基准地图最好采用等距离投影，导航、气象学、军事应用和大比例尺地图偏向于采用等角投影，而等面积投影往往用在统计分布图上(Mailing, 1973)。为在教育用途上展示投影,World Projection and Mapping System 微型计算机软件能够展示 200 多种地图投影,其中用户可以设置比例尺以及进行旋转方面的操作。

墨卡托投影是目前还应用在导航中的最古老和最常见的投影,但它使得格陵兰岛的面积等同于南美洲,而实际在地球上前者的面积只有后者的八分之一。横轴墨卡托投影广泛应用于地形图,并作为通用横轴墨卡托(Universal Transverse Mercator, UTM)平面坐标系统的基础。兰伯特等角投影尤其适合于当东西(纬度)方向和形状很重要的时候,如在航空导航图中。球面投影产生一幅圆形方位图,此时地球上的圆形在地图上同样绘制为圆形,这在绘制无线电波段之类的地图时很有用。

等面积(equal-area)投影保留了区域的相对大小,因而经常被用在教学用途和小比例尺地图中(如国家地图)。等面积地图不能保持相对角度不变。阿尔伯斯等面积圆锥投影(Albers equal area conic projection)适合于具有较大的东西方向但较小的南北方向延伸的中纬度地区。正因为如此,这种投影也被美国人口普查局用作美国的基准地图。兰伯特的等面积投影(Lambert's equal-area projection,参见下文)同样也是方位角的,因此可得到一幅环形地图,并且是对称失真的,因而在同时强调一个焦点的东西和南北方向时很有用,如洲际地图。等面积圆柱投影(cylindrical equal-area projection)使用标准的30度平行分带，产生一幅在所有等面积地图中具有最小角度变形的矩形地图，尽管对那些习惯了墨卡托和其他普通投影的人来说“看起来不正确”。摩尔魏特投影(Mollweide projection)生成一幅椭圆形地图，其在中纬度地区具有最小的变形，有时用于描绘世界人口分布以及其他分布。正弦等面积投影(sinusoidal equal area projection)产生一幅洋葱状地图，其平行线看起来是等距的，这对于强调纬度关系很有用，常常被用于南美洲的地图。古德等面积投影(Goode's homolosine equal-area projection)在赤道地区采用正弦投影而在高纬度地区采用摩尔魏特投影，得到一幅描绘在6片叶状体上的复合地图。

等距离(equidistant)投影保留了地图上一个点与其他所有点之间的比例与距离。方位等距投影(azimuthal equidistant projection)正确地描绘了地图上相对于中心的方向与距离(但不是从地图上其他的点)，有助于描述放射线(无线电波、地震)。这样的地图在圆形地图的外缘会形成巨大的形状扭曲。

方位(azimuthal)投影得到圆形地图，保留了所有点相对于一个中心点的方向。如果用户的关注点不是方位地图的中心点，而是一个城市或者其他点，那么以这个“其他点”作为参照的方向将会不准确。在方位投影中，通过使地球上的任意一点与一个平面相切，从而把地球投影到这个平面上。所产生的变形是围绕着投影中心点而对称的。球面投影是等角的和方位的;而兰伯特的等面积投影是等面积和方位的;当然,方位等距投影是等面积和方位的。球心切面(gnomic)投影是另外一种方位投影,这里把大圆弧(地球上两点之间的最短距离)绘制成直线,这样的地图对航海导航等尤其有用。

此外,还有其他各种各样的投影,部分结合了上述讨论的类型。一个值得注意的例子是罗宾逊投影(Robinson projection),于1961年为兰德·麦克纳利(Rand McNally)而开发,目的在于在描绘地球的时候使得面积和角度在外观上的变形最小化。另外一个是空间倾斜墨卡托投影(space-oblique Mercator projection),其不完全是等角投影。这种投影被用在LANDSAT轨道卫星上,将卫星的圆形绕地轨道作为投影的中心线。

工具软件如Tralaine可以用来把数据从一种投影转换成另外一种投影,此外,很多GIS软件本身也有内置的投影转换功能。(关于Tralaine和其他在本书提到的软件,其联系信息可在附录中找到。)

社会科学家应该注意到,有7个主要的专业机构在一份联合决议中指责了墨卡托投影和其他投影(高尔投影、高尔—彼得斯投影、米勒投影),它们使用一张经度和纬度均表示为平行线的矩形地图。这个形成于16世纪的传统投影方式严重地扭曲了大洲的相对大小(或者,对于高尔—彼得斯投影则是形状上的变形)。墨卡托投影显示了当接近于任何一个极点(南或北)时,区块会不成比例地变大。国家地理协会(National Geographic Society, NGS)已经采用罗宾逊投影以取代墨卡托投影。其他联合国家地理协会参与这个1989年决议的组织是美国制图学会(American Cartographic Association)、美国地理学家协会(Association of American Geographers)、加拿大制图学会(Canadian Cartographic Association)、全国地理教育理事会(National Council for Geographic Education),以及专业图书协会(地理及地图分部)[Special Libraries Association (Geography and Map Division)]。

人口普查术语

人口普查区域包括两种类型:政治的和统计的区域。在政治区域方面,注意有些数据表不仅仅包括美国的50个州,还有哥伦比亚特区、波多黎各以及边远属地(美属维尔京群岛、关岛、美属萨摩亚、北马里亚纳群岛,以及帕劳),其在统计上等同于州。县(county)是州下面的第一级分支,其包括在路易斯安那州的教区、在阿拉斯加州的自治市镇和人口普查区、波多黎各的市政厅,以及在几个州(马里兰、密苏里、内华达、弗吉尼亚)的独立城市。此外,蒙大拿州的黄石国家公园也被视为一个县而包括进来。次级行政单元(minor civil division, MCD)是法律上定义的县属(subcounty)地区;在 1990 年,只有 28 个州设立次级行政单元,另外还有波多黎各的市政区。较小次级行政单元(sub-MCD)是法律上定义的县属地区的分区(波多黎各的市政分区)。

继续前述对人口普查中政治区域的划分,建制地区(incorporated place)是一个行政单元,其设置为市、镇、自治市镇或者村庄,不包括新英格兰、纽约和威斯康星州的镇,以及阿拉斯加和纽约州的自治市镇。一个投票区(VTD)是指下述几种类型中的任意一种,包括选区、管辖区、立法区,以及被州和地方政府划定的监管区。(1980 年人口普查使用术语"选举管辖区"来替代"投票区")。在人口普查中的其他行政区包括:美国印第安人保留区(American Indian reservations)和阿拉斯加土著人团体(Alaska Native regional corporations, ANRCs)。

在人口普查中,统计区域包括普查小区(census block),通常是一块按照街区或者显著物理特征来划分的小区域(图 1.1)。普查小区永远都不会与普查编号区、普查区或者县边界交叉。每一个普查小区被赋予三位数的数字编码和一个可能的单个字母作为后缀。全美国总共分为大约 700 万个普查小区。普查小区集群(block group)是指那些具有相同的首位数字编码的普查小区组合,在 1990 年的人口普查中一共有 230 000 个普查小区集群。普查编号区

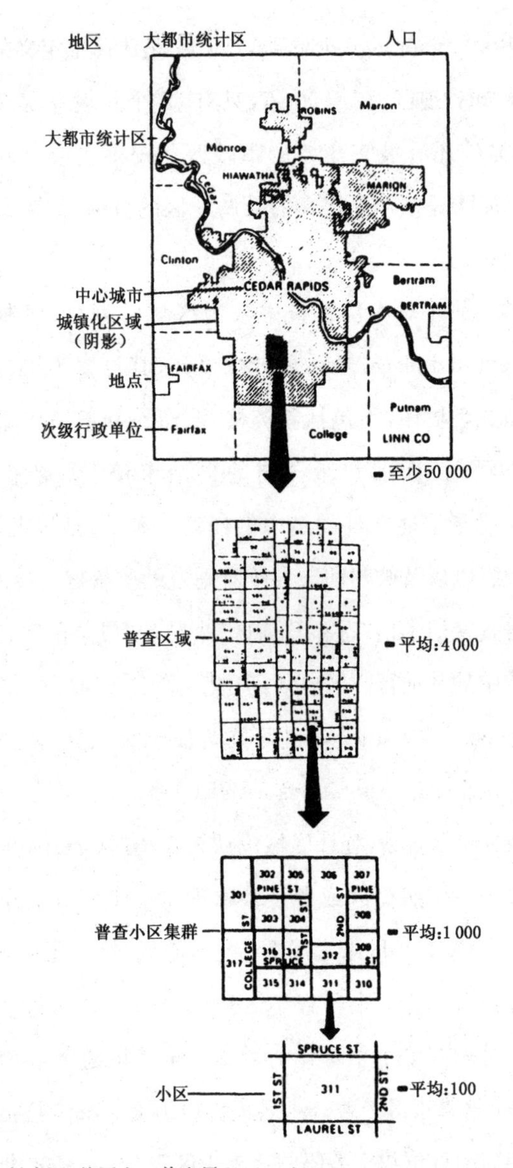

资料来源:美国人口普查局(1979:4)。

图 1.1 美国人口普查都市地理区域

(block numbering area，BNA)由州和人口普查局联合定义，目的是在那些没有建立普查区域的地区对小区进行分组。1990 年的人口普查有 11 500 个普查编号区，所有这些普查编号区都不会跨越县的边界。普查区域(census tract)是在选定县内局部划定的小区域，由当地委员会建立，最初设计为普查区域具有单一的人口属性。1990 年的人口普查共有 50 400 个普查区域。

普查指定区(census designated place，CDP)是指不具有法定的法人限制或权力的人口密集的中心。普查指定区是由人口普查局联合州政府官员和地方数据使用者定义的。1990 年的人口普查有 5 300 个普查指定区。非建制领地(unorganized territory，UT)是由人口普查局在那些设置有次级行政单元(minor civil division，MCD)建制的州为内部不属于任何次级行政单元的地区而指定的。1990 年的人口普查共有 282 个非建制领地。普查县单元(census county division，CCD)是指在那些没有次级行政单位的州或者虽有次级行政单位但不足以生成统计报告的州，由人口普查局联合州和地方官员设立的地区。1990 年的人口普查共有 5 581 个普查县单位。其他的统计地区还包括部族管辖统计区(tribal jurisdiction statistical area，TKSA)，部族指定统计区(tribal designated statistical area，TDSA)和阿拉斯加土著村统计区(Alaska Native village statistical area，ANVSA)。

第2节 分析制图和地理数据在社会和政策科学领域的案例

分析制图是测量与制图里面公认的分支(Moellering, 1991a)。由托布勒(W. R. Tobler, 1961)和威廉·邦奇(William Bunge, 1962)在20世纪60年代创立,这种在制图领域的观点以制图学和GIS之间的大量重叠而著称(Moellering, 1991b:8)。计算机化对分析制图的发展起着至关重要的作用,使得我们集中于用电子化的方式操作“虚拟地图”(virtual map),而不是那些在纸板上的“真实地图”(real map)。然而,正如Nyerges(1991:13)所观察到的,“在分析系统中,特别是在GIS中,我们主要还只是在定位层级的问题中使用虚拟的地图,并且仅仅是较低层次地接近分布和模式层级的问题”。例如,很少GIS软件包能处理边界随时间的变化,或者展示指定边界的属性值随时间的改变(例外案例参见Langran, 1990)。

换言之,分析制图依然是一个新领域,对社会科学而言最有趣的那些潜在用途尚未很好地发展起来。目前的

GIS系统在回答某些领域的问题时非常出色，如这些感兴趣的现象发生在哪里？但是在回答另外一些问题时则稍逊，比如这个现象如何随着时间变化以及什么因素影响了这种变化？出于分析的目的，有必要改变目前的GIS软件以更好地兼容数据模型。尽管社会科学家与制图学家之间协同作业的必要性已被后者所公认（见Nyerges，1991：20），但是GIS在社会科学领域很大程度上仍然是不被认可的机遇。

尽管存在局限，但分析制图与GIS组成了一个迅速扩展的领域。例如，空间决策支持系统是全国地理信息和分析中心（National Center for Geographic Information and Analysis）的一项研究倡议（Densham & Goodchild，1989）。在更为直接的应用中，GIS是管理信息系统（MIS）的专业化工具和城市和区域信息系统协会（Urban and Regional Information Systems Association，URISA）的领先焦点，URISA是为那些关注全国和地方信息系统应用的公共领域MIS官员而设立的专业协会。URISA赞助了一次GIS/LIS的年会以联合其他与此相关的组织，如美国规划协会（American Planning Association）、美国公共工程协会（American Public Works Association）和美国地理学家协会（Association of American Geographers）。GIS应用包括了在1991年海湾战争中制作接近实时的战场地图（Green，1991）；在犹他州跟踪地震断裂带及与此关联的财产数据以评估损失风险(Firestone, 1987);华盛顿特区的洪水风险地图(Cotter & Campbell, 1987);在洛杉矶关于疏散路径、避难地点和对可能的灾害位置进行定位的应急准备功能(Johnson, 1987);以及帮助朴次茅斯、新罕布什尔(New Hampshire)维持清洁水的供应(Lee & Douglass, 1988)。

地图数据的图形表达功能在华盛顿州的塔科马市的犯罪分析制图系统(Crime Analysis Mapping System, CAMS)中被展示出来。CAMS使得警察和其他使用者可以查看入室盗窃、强奸和其他犯罪方面的数据,以及与此关联的人口普查数据。数据的显示级别可以在街道、城市干道、普查小区、地区和次级区。使用一个采用列表类型数据输入的屏幕,警察可以选择分析的级别、犯罪类型和过滤条件(如:时间),然后查看犯罪散布的模式。如有需要,案发数也可以展示出来,以连接指向实际犯罪记录的地图。像CAMS这样的系统能够为管理决策(如巡逻警察的调配、解释案件模式、确定教学目标和规划像路灯这样的设施)提供一个更明确的基础。大部分警察部门使用像MapInfo这样的微型计算机软件,结合犯罪案发的"识别码"(pin)信息,自动生成警察管辖区的地图(Robb, 1990:15)。RealTime MapInfo甚至可以与卫星技术结合以跟踪警察巡逻车并对其实时移动在地图上进行制图(Schroeder, 1991)。

很多软件都为规划用途专门开发,通常是为公共部门,这也使其可应用于很多社会科学领域。这样的软件包括 FMS/AC、MunMap 和 Plantech。有关计算机和规划方面的文献综述,见 Klosterman(1988, 1990)。

分布分析

在制图中,分析的基本形式就是展示地图要素中某些属性的分布。分布地图通过地图要素与传统的统计属性表结合起来,其中使用了颜色、阴影图案、符号大小,或者其他标明了每一个要素统计范围的设计形状。例如,Weisburd, Maher & Sherman(1989)将计算机绘图技术运用于警察呼叫服务数据,使用犯罪类型的分布和聚集作为证据来研究犯罪的替代理论。芝加哥警察部门、伊利诺伊大学芝加哥分校和西北大学在使用 MAPADS(微型计算机辅助的警察分析与部署系统)进行制图分析(参见 Maltz, Gordon & Friedman, 1991)。第二个例子,Fitts(1989)在一项基于关注受访者对《海湾各州语言地图集》(*Linguistic Atlas of the Gulf States*)* 里词条回应的调查研究中,使用计算机地图来分析亚拉巴马州黑人的语言模式分布。第三个例子,Hillier(1989)使用计算机生成的地图数据分别分析英语和法语村庄和城镇的扩散模式,从而比较殖民扩散模

* 海湾各州(Gulf States)指的是美国毗邻墨西哥湾的五个州:佛罗里达、亚拉巴马、密西西比、路易斯安那和得克萨斯。——译者注

式与自然扩散模拟。第四个例子是，西北大学的一个小组通过提供计算机化的地图来展示市政府在哪些地区正在扩大预算支出，从而帮助社区活动团体（McCullough，1991：14）。

空间相邻分析

GIS的另外一个应用是相邻分析（proximity analysis）。这类问题关注寻找与给定因变量关联的地图特征。空间分析通常用于选址问题、环境影响分析、扩散与流行病学研究，以及与地理相关的问题。例如，已经有假设认为从医学上来看，电磁场可能是有害的。南加州大学预防医学部门的约瑟夫·鲍曼（Joseph Bowman）使用FMS/AC来关联儿童白血病、超过350个住户的磁场测量值，以及200英尺半径范围内的电力设施和电路的特征及位置。位于每一个住户附近的电路与设施都被绘制在FMS/AC，此外距离也可以从中计算出来。

扩散分析

扩散分析（diffusion analysis）是随着时间追踪变化的空间相邻分析。按周期间隔的一系列分布地图提供了一幅清晰的扩散图像，目前这样的图像可以通过幻灯片放映以动画的方式展示，而该功能可以在绝大部分的图形软件中找到(例如，PC-Key-Draw)。在20世纪50年代早期，黑格斯特兰德(Hägerstrand, 1968)首先使用蒙特卡罗模拟(Monte Carlo simulation)方法来构建这样的扩散模式。蒙特卡罗方法生成模拟扩散的数据，并且建模过程能够在个体或者区域之间加入阻力因子或者障碍物。研究人员能够调整这些因子来模拟一个在一组试验时间中被观测的扩散模式，然后用另外一组试验时间验证该模型。在经济学中，空间结构分析集中于对生产设施的地理分布和其他经济变量的关联进行建模。由于模型是动态的，我们尤其需要研究随着时间变化的空间扩散或者集聚。例如，Beckmann & Puu(1985, 1990)展示了在生产活动的布局中，当地资源如何作为一个因子而减少。同时随着运输成本的下降、跨区域贸易，以及技术进步使得规模收益不变(偏向于空间扩散结构)的生产方式转化为规模收益递增(偏向于集聚结构)的生产方式。对于与交通相关的城市扩张的地理模型，其讨论可参见Selkirk(1982: chap. 14)。对于应用于扩散及其地理分析的随机漫步模型(random walk)、马尔科夫链(Markov chain)和随机过程(stochastic process)的讨论可参见Wilson & Kirkby(1980: chap.8)和Mather(1971:184—190)。

相对适宜性分析

相对适宜性分析(relative suitability analysis)是变化了的空间分析,在这一分析中决策支持软件与GIS组合在一起,以生成复合的等值区域图(choropleth map)。诸如FMS/AC的土地利用规划模板这样常用于选址分析的软件支持这种分析——通过允许用户为呈现在拓扑结构多边形叠加中的各种条件设置定排序权重而实现。例如,可以设置"家庭收入中位类别"的权重为7,而设置"中等教育"的权重为4。然后,GIS会生成一幅颜色编码的地图,其中颜色分类就是根据用户设置的标准和权重来表示适宜性程度。也就是说,一幅相对适宜性地图通过从最高到最低的复合权重值展示了多边形的样式,往往表示为色彩范围、填充图案,或者是按比例的三维多边形模型——其中最高的地方就是最适合区域。GEODEX(Chandra & Goran, 1986)就是一款专业的选址分析软件,该软件自动地将土地利用规划法则应用到给定的数据和约束条件。

空间决策支持

空间决策支持(spatial decision support)主要关注以下领域:有哪些区域需要为空间分散的需求提供最优服务,

以及在每一个区域中如何布局这类服务的中心位置(Densham & Rushton, 1988)。一个空间决策支持系统(spatial decision support system, SDSS)部分基于数学模型,但这同样需要有一个半结构化组件以便决策者检查数学模型的结果,进而针对那些在最优算法中不能被量化的因素来对结果进行调整。正如 Armstrong, Densham & Rushton (1986)所指出的那样,SDSS 包含一个数据库、空间数据处理模型,以及展示地图和汇总报告的用户接口。一个正在进行中的 SDSS 案例,其介绍可参见阿姆斯特朗等人(Armstrong et al., 1991)的著作,其被应用在艾奥瓦州地区教育机构的地理重组问题。

阿姆斯特朗等人(Armstrong et al., 1991)所描述的空间决策支持系统首先要求分析者确定需求节点(服务需求的位置)、每一个需求点的权重(需求量)和候选服务中心的位置。然后使用 Dijkstra(1959)的算法建立每一个需求点到候选服务中心的最小权重距离的数据集合,该数据集合随后作为位置分配软件的输入项。SDSS 软件接下来解决 p 中位(p-median)问题,这是最优化问题的核心。目前有很多可能的最优化函数,而阿姆斯特朗的 SDSS 软件所支持的三项是:(1)找出 p 个位置及其服务的面积,这样在最远距离约束下的平均行程是最小的;(2)找出 p 个位置,这样使得最大的服务需求量位于其最近位置的距离 s 内;(3)找出最小数目的位置点,使得所有需求都在指定的 s 距离或者最近服务位置以内。值得注意的是,距离有可能是以路径长度、出行时间、交通成本,或者上述因素的综合来测量的。阿姆斯特朗软件的独特之处是SDSS可以分析需求不足,这种情形是指提供的服务布局少于指定的最小需求,或者是在同等约束下低于服务布局的平均需求超过了一个给定的百分比。尽管大部分GIS软件都通过置换邻近地区之间的小区域来调整这种不足,阿姆斯特朗的软件使用启发式算法来重新分配需求,这样最大程度地减少系统中距离的增加。

蜘蛛图(spider map)是关于空间决策支持系统的一种特殊的展示方式,对于表达服务中心与需求节点的关系很有用。蜘蛛图是传统的边界地图,展示研究区域和划分该区域的内部区块之间的边界(例如,服务区)。服务中心的分布以点的形式在区域内部显示。"蜘蛛"以射线的方式从每个点(服务中心)放射到中心所服务的每一个需求节点。使用者可以任意地用阴影来标识需求节点中那些不被最近的服务中心所辐射到的区域,这种情况发生在调整需求不足时的节点再分配(见上)。

重新分区

重新分区(redistricting)就是这样一类分析问题:在一系列约束条件下运作时,用户尝试重新绘制边界线从而最优化一个或多个目标。重新分区问题是一大类问题的特殊案例,这些问题涉及找出最优方法将具有不同值的目标分配到一定数目的集合,以这样的方式使得集合具有几乎相同的值并且其中的任意数值与其他数值尽可能地接近。例如,由数学家詹姆斯·T.帕尔(James T. Parr,伊利诺伊州立大学)编写的等值程序(Equalizer program)可实现这个功能(Wildgen, 1989)。然而,当集合的数目(例如,选区)变得很大,一个数学的解决方案可能超出计算机的处理能力,而需要一个更小精度但更高效率的算法,这就是使用专门的重新分区软件所做的。

一个这样的软件是 FMS/CENSUS,即 FMS/AC 制图系统的一个模块,基于流行的 AutoCAD 计算机辅助设计软件(参见 Omura, 1989; Thomas, 1989)。FMS/CENSUS 支持绘图和地区边界的地理编码(或者从其他 GIS 软件中导入它们);把这些边界转换成拓扑结构空间数据库的叠加;最多可达 12 个政区边界与普查小区、地块和选区边界的交互,从而建立一个复合的多边形叠加;把地区与包含 1990 年人口普查信息的数据库关联;重新绘制边界来把普查小区重新分配到替换地区,同时这些改变会自动反映在数据库中。一个随之得到的报告把普查小区记录集成到汇总表格,定义了每一个现有的或者是计划的政治管辖区的人口数量。在某种情况下,使用诸如 Atlas * Graphics 那样低端的制图软件,类似但是简单的重分区分析可以被证明是富有成效的(GeoForum, 1991)。

网络分析

网络分析(network analysis)关注这样一类问题:研究目标是通过模拟网络上开和关的转换操作变化来分析容量和需求。供水和公共事业分布是网络分析中常见的应用领域,但这种技术也可以被应用在通信流量或者是人口流量。例如,FMS/AC 软件可以支持网络分析,通过允许用户在一幅 GIS 地图里交互地打开或者关闭开关点,在逻辑上连接网络功能,以及追踪网络分支。关于任何给定的网络跟踪的记录都可以被分离,且都可以对其属性进行检查。

顺次排序

顺次排序(seriation)是一个已经被应用到考古学、语言学、地理学和其他学科的分类过程。顺次排序的目的是通过多个条件对一组目标(例如,考古遗址)进行排序。顺次排序可以像按照某类陶器出现的频率来排序遗址那样简单(Larson & Michaelsen, 1990)。然而,关于数学顺次排序的文献颇丰。排序搜索(permutation search)技术(Hole & Shaw, 1967)以及多维排序(multidimensional scaling)、聚类分析(cluster analysis)和相似矩阵方法(similarity matrix methodology)也已经在使用(Gelfand, 1969, 1971)。顺次排序对于概括类别和非类别地图数据很有用,但是通过试验来重新调整地理单元这样的手动方法所需要的巨大工作量,以及寻找由相似属性表示的地理集合所带来的误差,使得顺次排序具有局限性。此外,权威机构在应该通过哪些标准来判断成功的顺次排序这个问题上产生分歧。然而,近年来关于顺次排序的客观标准已经被提出,而且自动化的顺次排序程序也已经有所发展(Miller & Honsaker, 1983)。像 Witschey(1989)那样的人类学家已经使用了古代建筑的计算机化地图,并连同专业的计算机程序(基于 PROCLOG 语言)来建立顺次排序模型。一个顺次排序模型把地图结构整理成一个排了序的拓扑,通过为一组新数据集合所构建的计算机化顺次排序模型和已经为相关已知物体或者结构建立的拓扑之间的比较,可以对新发现的物体或者结构做出关于其自然状态和文化历史的推断。[1]

第2章

地理数据

第 1 节｜地理信息系统

地理信息系统(geographic information system，GIS)在范围和组织方式方面都有极大的变化。GIS 可以像其他计算机化的数据库管理器那样保留同样类型的数据，但是它们也可以将这些数据连接到一幅或多幅地图上的要素。当在数据库(通常称为地理数据库)中的信息改变时,其在地图上的显示也会发生相应的改变。尽管如此，GIS 通常被设计为可以与传统的数据库紧密地连接。例如,MapInfo 可以用于各种内置的关系型数据库分析,包括进行复杂的 SQL 查询和计算(SQL,即结构化查询语言,是作为在不同品牌的数据库管理器之间交互的相对较新的标准)。另一个例子是,国家海洋与大气管理局(National Oceanic and Atmospheric Administration)使用 Arc/Info——一个主要的商业数据库管理器,并与 GeoCoast GIS 进行整合。

GIS 软件并不是无所不能的。例如,那些想要处理一个大城市的数据和地图功能的 GIS 要求软件有能力处理非常大的文件，如 FMS/AC。佛罗里达州的奥兰多市使用 GeoVision 公司的 GIS/AMS 软件(Darling，1991)。通常，大型 GIS 软件的选择与用于整个组织或者司法管辖区的数据库管理系统(DBMS)的选择密切相关。例如，奥兰多市选择 GIS/AMS 是因为其与 Oracle 数据库管理系统的密切关联。这种关联允许使用诸如 SQL*Forms 和 SQL*Reportwriter 这样的 Oracle 数据库工具来操作 GIS 所使用的属性表。

一般来说，GIS 围绕 4 种类型的信息来组织，其分别由 4 种类型的文件组织而成：地理学的、地图、属性和数据点文件。尽管不同的 GIS 具有非常不一样的文件结构，但都伴随着一个复合的矢量影像制图概览。

地理文件

地理文件(geographic file)是地理信息系统的核心，它们包含了将要被绘制在地图上的要素的信息。要素是兴趣区域，如普查区、县和学区。对于每一个要素，地理数据库将会包含定义要素的 $x—y$ 坐标。典型地，地理文件就是边界文件，详述了县、普查区、学区，甚至是一幢建筑物内办公室的坐标。有些边界是复杂的，如佛罗里达州包含了除大陆以外的很多岛。

一个地理文件可能同样包括超过一个图层(如，街区、地块、区、州和国家)，在每一图层可能存在一个图层设置文件,其包含了关于每一个图层的描述性信息(有的 GIS 把图层设置文件组合为地图文件的一部分,将在下文讨论)。例如,佛罗里达州的奥兰治县(Orange county)的 GIS/AMS 系统包括了:街道的通行道路图层、洪泛区图层、分区图层、公用事业图层、宗地图斑(即物业权)图层和大地测量(即测量和土地登记)图层。作为第二个例子,Atlas*GIS 支持超过 250 个地图图层。此外,还有线文件叠加,包含了内部对象如道路、铁路、输电线和河流的坐标。同样地,还有点文件叠加,包含了城市中心、邮政编码的质心和邮政编码的中心等。不同的 GIS 可能在地理文件中存储有限数量的属性数据。例如,Atlas*GIS 在 4 个文件中分别存储主要和次要的名称、地址范围,以及系统计算的面积、周长、重心,这些就是“地理文件”。

地图文件

地图文件(map file)(注意有别于地理文件)往往包含以下信息:组成地理信息系统的地理文件和其他文件的名称;标签(label)、图层以及其他地图布局(layout)方面的数据,包括所使用的文件名;诸如标签和图层设置那样的程序设置;以及用户添加的注解(在打印输出时将会被合并)。有些 GIS 软件包会将上述信息称为图像文件(image file)。地图文件可能包含指向其他文件的名称,这些文件如页面布局文件(颜色、比例尺和其他用于要素和线的打印输出的数据)和为地图边界而设的坐标的视图文件(view file)。

属性文件

属性文件就是社会科学家所熟悉的那类数据文件。它们是普通排序的矩形的数据文件,其中列对应了变量,行对应了观测案例。在地理信息系统中,观测案例就是在地理文件中定义的要素(面积),即属性文件中的每一行包含了单个要素的数据。取决于GIS,在属性文件中有可能存在逻辑字段或者日期字段,也有可能是字符字段或数值字段。

普通的数据文件,如dBASE格式的.DBF文件,可以作为属性文件的基础,但是如果原本不存在ID字段,必须要添加一个ID字段。Atlas*GIS像其他很多GIS一样支持dBASE文件。ID文件包含对应属性文件中ID字段的地理文件中的要素ID编号。将属性信息(或者数据点信息,下文讨论)关联到地理文件的过程,有时也被称为地理编码(geocoding)。

因为ID字段对用户而言往往意义不大,因此属性文件通常也包含一个被视为主要名称的字段。对于一个地址数据库,这可以是人的姓名。次要名称字段有时也会被用来表明与主要字段的潜在关联。

GIS 通常会自动建立一个属性索引(attribute index),根据这些属性在地理文件中的要素 ID 来进行排序。同样还可能有一个属性字段配置文件,其中包含了每一个属性的标签(名称)、描述和结构信息(例如,如果信息是数值或字符型的)。

属性文件经常会包含地址信息。典型地,一个街道地址会被分割为 5 个组成部分:号码(如,1234),前缀方向(如,东),名称(如,干线),街道类型(如,大街),以及后缀方向(如,西北)。对于具有地址匹配性能的 GIS,街道信息的属性文件将会包含地址范围的起点和终点,通常是街道的左侧和右侧各有一个。

数据点文件

数据点文件(datapoint file)包含了要素里面那些特殊点的信息。通常这些点的坐标是存储在一个与地理边界文件关联的点文件中,而关于这些点的其他信息则是存储在数据点文件中。例如,这些点可能是市,其地理文件是基于县要素,而数据点文件可能包含这个市的经济、人口、政治和其他信息。在数据点文件中,列是变量,而行就是点文件所定义的数据点。

数据点文件与其他社会科学家常用的数据矩阵一样,

只是数据点文件必须包含用于对应点文件中观测记录的ID。在某些GIS软件中,点的纬度和经度存储在数据点文件里,因而也就没有点文件。通常用户需要自己输入这些点的坐标,但是有些如Atlas*GIS这样的软件,可以使用TIGER文件来匹配用户提供的地址并且把坐标自动地插入到数据点文件。

地理信息系统通常会建立与数据点文件一起的数据点索引文件,其中数据点根据要素的ID来排序。这样就可以允许GIS快速找出所有与要素关联的数据点。同样,GIS也会建立数据点字段配置文件,其中包含了所有点的标签(名称)、描述和结构信息。

其他文件

除了地理文件、地图文件、属性文件和数据点文件,GIS还可能有很多其他针对特殊用途的文件。例如,可能有一个调色板文件,其中包含了对于每一种输出设备的主颜色列表(关于颜色的选择,参见Brewer, 1989; Robinson, Sale, Morrison & Muehrcke, 1984: chap. 8)。还可能有一个随之生成的文件,为那些随意添加到地图上的对象保存了位置和图形属性数据。也有可能存在选择文件,其包含了为分析而预先选定的要素、线,或者数据点ID的过滤列表。因此,想要精确描述每一个GIS的文件结构是很困难的。

GIS 软件

大部分 GIS 软件把用户选择集中在“控制面板”、“菜单栏”、“状态栏”，以及其他能简洁地展示信息的方法。通常，一个菜单栏或者是菜单面板会被放置在屏幕上部或者左侧。定位到这些主菜单栏选项——如选择“文件”——通常会弹出子菜单（如：加载、重命名、保存、删除文件）。子菜单选项将会弹出下一级菜单或者选择列表（如，待选择的文件列表），或者是填充表格（如，显示标题的格式，以指定文本、字体、大小、颜色，以及地图标题的其他设置）。在某些情况下，例如菜单中的数据录入选项，用户可能会遇到一个弹出的用于输入行和列信息的电子表格。在屏幕中间的一大片区域通常就是真正创建地图的工作区。位于屏幕底部或者右侧的是一个可能包含默认的和用户设置的状态栏，以及当前选择的信息。其他的软件会使用命令模式。有关选择一个合适的 GIS 软件包的标准列表，参见 Stefanovic & Drummond(1989)。

GIS 的一般特性将通过描述 Atlas*GIS 中状态栏的组成部分来说明。这是优秀的微计算机程序包之一，例如被美国退伍军人事务部（Veterans Affairs Department）用来计划健康设施的使用和建造（Taft, 1991）。在这个 GIS 系统中，状态栏包含15块信息：

1. 当前运行的地理文件的名称
2. 当前运行的属性文件的名称
3. 当前运行的数据点文件的名称
4. 最近加载的地图文件的名称
5. 当前用于投影的坐标系统类型
6. 当前选择的地理要素编码
7. 当前选择的属性文件编码
8. 当前选择的数据点编码
9. 当前光标的纬度
10. 当前光标的经度
11. 当前地图的比例尺
12. 当前的显示模式（快速草稿或者是缓慢的最终版本）
13. 当前的输入设备（键盘、鼠标、写字板）
14. 绘图板状态（用于数字化地图）
15. 更新状态（显示屏幕是否需要更新）

GIS使用的一般过程是使用主菜单上的各种选项，进而在屏幕中央的工作区构建一幅地图。当这些选项被选择以后，状态栏会帮助用户跟踪这个过程。例如，在Atlas*GIS中，主菜单的选项是：文件（加载和保存）、视图（放大、移动）、选择（选择要素；查询）、编辑（查看和/或编辑要素、图层、属性、数据点；浏览文件）、操作（分析、地址匹配）、专题

(绘制等值线图)、显示(选择图层、标签、页面大小、比例尺,以及地图要素的其他设计)、打印(硬拷贝)、设置(程序和设备设置),以及帮助(在线信息)。

虽然创建一幅地图可以通过键盘命令来完成,但制图的图形本质使得用鼠标或者绘图板成为首选的输入方法。用户可以在大部分 GIS 中对所有的 3 种设备进行自由转换。一般而言,绘图板用于数字化地图,如果用户打算依赖“扫描”* 的边界文件——现成的邮政编码区、国家以及其他区域,那么这一步就是可以略过的。鼠标通常被用来在屏幕上定位,无论是地图坐标或者是菜单选择。

用户在打开的地图中必须谨慎——只保存想要的部分。因此,大部分的 GIS 允许用户以“只读”模式打开地图——允许浏览、打印以及查询,但不能编辑或保存。或者用户能够以“使用为”模式打开地图。这就意味着地图被复制到一个用户指定的名称,并且用户所作的修改只是作用于复制版本而非原来的版本。

图像处理。虽然大部分 GIS 软件以坐标和矢量的方式存储空间信息,但制图员有时需要直接处理图像,就如在遇到航空影像时。这些处理扫描到计算机的影像的过程称为栅格图像处理。有些 GIS 软件是合成的矢量—栅格系统,因此能处理两种地图数据。一个低成本的例子是

---

* 原文为“canned”,可能是排印错误,应该为“scanned”更合适,此处译为“扫描的”。——译者注

IDRISI,是由克拉克大学开发并以一位著名的伊斯兰绘图员的名字来命名的软件。IDRISI 演示的栅格影像处理功能包括:合并连续像素(计算机显示器显示的最小点)来表示成片建筑;计算距离、面积以及分类覆盖范围的周长;坡度和方位分析;以及影像叠加。

软件选择。GIS 软件的价格范围跨度极大,代表了不同的功能。软件的选择应该基于地图分析和地理数据库管理的详细需求。对于一些潜在的 GIS 用户,低端的“专题制图”软件就足够了。像 Atlas*Graphics 这样的软件,提供了普通的边界文件、立体地图以及数据输入功能。这些软件的好处在于低成本、易于使用,以及出色的绘图和注释特征。然而,成图时比例尺的精度不够,以及缺乏地图和数据叠加功能,这些缺陷将会使得这样的软件在那些需要高级 GIS 功能的使用者的清单中被排除。

作为一个基本特征,GIS 必须能够提供连续的地图。地图不应该显示为分割的版块,而应该互相连接,以分析那些在不同的地图图幅上显示为分割的相邻地块(区域)。

选择 GIS 软件最重要的一个考虑与预期的地图数据库来源有关。许多主流软件的供应商都会同时提供可选的边界地图。而导入已有的地图底图也是一个选项。如果 TIGER 或者 GBF/DIME(地理底图文件/双独立地图编码)文件是一个潜在的数据来源,备选的那些软件包应该要提供必要的导入功能来完成这项工作。在制图领域的另外一个替代选项是，通过手动地数字化资料地图来建立数据库，这将在下文讨论。大部分高端的GIS软件都提供数字化功能。

从功能的角度来看，应该考虑诸如缓冲、地址匹配、多边形叠加、距离计算，以及数据格式等特征。很多软件包被设计来用作特定应用，并且尽可能地使得选择过程变得简单。

第2节｜不同地理图层的融合

通常，我们会发现感兴趣的数据是基于不同的地理基础而整合的。不仅仅是数据可能被整合在不同层次（市、县、州），同样地，一个地图的边界也可能与其他地图的边界不一致（防火区可能与人口普查边界不一致）。基于一个地理基础的边界可能与基于另外一个地理基础的边界重叠，同样地，在某些情况下，一个地理基础的边界有可能不能覆盖在另外一个地理基础的边界内的区域。此外，时间属性（数据收集日期）在不同的地理数据库之间可能会不一致。在空间数据库中改变地图比例尺和合并数据很容易导致不准确（Goodchild & Gopal，1989）。那么应该如何解决这样的问题呢？

融合点数据库

最简单的情况是当我们拥有两个表示点的数据库。例如，Armstrong（1990）演示了把来自美国地质调查局（U.S.

Geological Survey)WATSTORE数据库的未净化水观测和来自美国环境保护局(U.S. Environmental Protection Agency)MSIS数据库的净化水观测融合的案例。两个数据库均包括以点表示的水井数据,但一个是以县名称列出,另外一个是以县代码列出;一个是以年份/月列出,另外一个是以天来列出;一个是以连结的纬度/经度列出,另外一个是以可以连接到纬度和精度的ID编码列出。在这样的情况下,有必要创建查询表来展示一种编码方式(如,县名称)与另外一种(如,县代码)的一一对应关系。一种方法是创建一个转化程序将两个数据文件转换成一个整合的数据库,另外一种是GIS软件在分析过程中使用查询表完成两个数据文件的对应。

通过汇总来融合区域

大部分GIS软件可以通过汇总来处理数据融合。例如,在邮政编码区层级收集的客户数据可以自动地汇总到县层级。像Atlas*GIS这样更优秀的程序同样可以处理不兼容的区域。例如,如果一个较低层级的图层(如邮政编码区域),关联了两个或者更多较高层级的区域(如县),那么软件可以把基于较低层级区域的土地在较高层级区域中的构成比例来分配属性。按照面积权重数据汇总(这是很有用的,例如在重新分区时,一个区域的某部分将要被转换成另外一个图层)，联合(组合具有共同边界或者重叠的多个区域)和分割(通过由另一个区域的重叠边界形成的交集来分割一个区域)都是 Atlas*GIS 所支持的功能。

通过兼容的表面法来融合区域

哈佛环境设计中心的 Symap 制图软件(Mather，1991：chap. 4)采用一个比前两种方法更有效的局部插值程序(Matson，1985；Shepard，1968)。这种兼容表面方法(compatible surface method)被运用于一部分制图软件，包括 PC Datagraphics 和 Mapping(PCDM；有关软件的使用，参见 Hinze，1989)。这种兼容表面法假设那些在较大区域表面的控制点可以用作较小区域表面的统计密度函数的一个样本。[2]例如，在融合人口普查小区数据和选区数据时，人口普查小区表面具有更多的区域，因此数据将会从人口普查小区地图融合到选取地图上(通过这个程序把数据从较大区域融合到较小区域会导致严重错误)。在使用这种兼容表面方法时，重要的一点是，假设使用者是在研究一个社会现象，那么就应该使用人口中心而不是地理中心作为区域(如选区)的控制点。

关于人口普查数据与选区数据的融合，计算机程序会提取选区地图及其控制点，然后将其叠加在人口普查小区地图及其控制点上。这样对于每个选区控制点，会计算一个融合的估计值或者插值。这个估计值等于在人口普查小区地图上附近控制点值的加权平均值。PCDM 允许用户决定使用多少这样的控制点(例如,PCDM 的默认值是5)。使用越多的最临近点,所得到的估计表面就越平滑。

加权平均的一般公式是(Hinze, 1989:287):

$$E_i = \frac{\sum_{i=1}^{n}(w_i e_i)}{\sum_{i=1}^{n} w_i}$$

在公式中,E_i 就是在目标表面(选区)上对控制点的估计值,而 w_i 就是 e_i 的权重,而 e_i 是在源表面(人口普查小区)上 n 个最近的控制点中的某一个值。作为一个加权方法,可以使用从目标点到第 i 个源点的距离的倒数(平方倒数加权)或者距离二次方的倒数(实际距离加权)。在 PCDM 的一项测试中,Hinze(1989:204—295)发现在估计时,对最临近的 3 个点采用平方倒数加权法是最有效的。

第3节 | 普通数据源

产品文件

GIS软件所需的很多边界、线、属性、数据点以及其他文件都可以从商业途径获得。例如，Atlas*Pro就有大量的地理文件：国家、世界城市、加拿大的省、美国各州、美国主要城市、州际公路、美国电话区号边界、美国标准大都市统计区边界、阿比创的"主要影响区"(area of dominant influence，ADI)、尼尔森的"指定市场区"(designated marketing area，DMA)，以及五位邮政编码区质心。MapInfo也出售边界文件(国家、邮政编码区、邮递区、人口普查合并分区、人口普查分区、人口普查小区、人口普查小区组合、联邦选举区、主要影响区、指定的市场区、大都市统计区、次级行政单元和人口普查行政单元)、线文件(州或地区的高速公路、县的街道、州或者全美的铁路)、点文件(城市和镇、邮政编码中心和电话区号中心)，以及属性文件(人口、收入、零售和商业数据)。目前，MapInfo正在开发具有国际标准的这些文件。

Lotus1-2-3.WK1 格式或者 dBASE.DBF 格式的数据可以输入到 GIS 的属性文件和数据点文件中，但是对于不适用于 GIS 使用的数据产品，其地理编码可能需要手动完成。即，用户需要在一个新的 ID 字段添加并输入，该 ID 字段将每一条记录连接到相应地理文件中的一个要素或者点。

邮政编码区数据是其中一种最常见的与地图相关的数据产品，供应商之间存在各种各样的竞争。Datatron System 公司出售 dBASE.DBF 格式的州、县、ZIP 以及地名文件，连同关于数据使用的免转让费 dBASE 代码。ZIP/Clip 是一个关于邮政编码信息的大型 dBASE.DBF 文件，含有对应的城市、县以及州名称和其他数据，连同 Clipper 程序（Clipper 是一个 dBASE 兼容的数据库管理器）。Melissa 数据公司（Melissa Data Corporation）出版了一个邮政编码及其相关数据文件的目录。Customized Computer Typesetting Services 提供了.DBF 和其他格式的市—县—州的邮政编码信息。[3]注意，因为邮政区的改变，邮政编码文件需要经常更新；因此，大部分邮政编码文件的供应商也会出售订购的更新版本。

人口普查产品

有很多以计算机磁带、光盘、在线，或者是硬拷贝形式存在的人口普查产品。对于1990年人口普查,全国的地图集包括65 000幅县一级的图幅(大约20幅/县)。美国人口普查局的数据用户服务部负责协调数据的使用。可以从客户服务处免费订阅《每月产品公告》(*Monthly Product Announcement*)。而《人口普查目录和指引:1990》[*Census Catalog and Guide*: *1990*(S/N 003—024—07169—0)]包括了人口普查局的产品和服务方面的详细信息,从美国出版局档案部门(U.S. Superintendent of Document)购买的价格是14美元。

主要的产品线包括人口与住房普查(Census of Population and Housing)、当前住房报告(Current Housing Reports)、边远地区经济普查(Economic Censuses of Outlying Areas)、农业普查(Census of Agriculture)、制造业年度调查(Annual Survey of Manufactures, ASM)、制造业普查(Census of Manufactures)、建筑业普查(Census of Construction Industries)、当前建造业报告(Current Construction Reports)、当前外贸报告(Current Foreign Trade Reports)、采矿业普查(Census of Mineral Industries)、零售贸易普查(Census of Retail Trade)、企业统计(Enterprise Statistics)、当前商业模式报告(Current Business Pattern Reports),以及当前政府报告(Current Government Reports)。另外还有很多专门的数据文件,如公共法94—171数据文件,其包含了各州政府10年间的选区重划数目,连

同人口、种族、拉美裔以及住房单元的信息。通常，数据首先以计算机磁带的方式发布，然后有些信息会通过光盘和其他媒介发布。在线服务、CENDATA(可在DIALOG——最大的在线信息供应商——上获取)包含很多数据表格，就如在《美国统计摘要》(*Statistical Abstract of the United States*)的打印版上看到的那样。

人口普查局同样出售5类绘图机生成的地图：县小区地图、P.L.94—171县小区地图、选区轮廓图、人口普查区/小区编码地图，以及县分区轮廓地图。受益于TIGER系统，人口普查局为1990年人口普查打印的地图大约是1980年人口普查的10倍。

还有很多私人供应商分析、重新包装以及转售人口普查数据。其中主要是全国规划数据公司(National Planning Data Corporation，NPDC)。[4] NPDC的人口普查相关产品是人口普查估计。1990年的NPDC人口普查估计与实际的1990年全国人口普查仅仅差了0.58%，而且远在1990年人口普查数据公开之前就已经可以获得。NPDC同样提供自定义的人口普查磁带数据提取、人口普查参考书、消费者购买数据、研讨会和其他服务，包括其MAX^{3D}在线数据服务和地图分析制图(MapAnalyst mapping)软件。

TIGRER文件

人口普查局在1983年为1990年人口普查启动了拓扑

集成地理编码与参考(TIGER)系统(Marx, 1990)。TIGER是为GIS应用而设计的,支持各种各样的地图类型。TIGER是全美首个数字化街道地图,耗资3.5亿美元,包含存储在37个光盘中的190亿字节信息,受到超过70个商业软件供应商的支持。例如,通过TIGER以及附带软件(如,来自Geographic Data Technology公司的Safari),使用者通过使用鼠标在地图上移动和点击,可以突出强调人口普查区边界,突出强调街道分割或者水系要素,或者浏览地址范围,然后在数据窗口可以浏览相应的信息。TIGER数据文件和相应的软件演示了地理信息系统:边界、道路、水系、铁路和其他要素的空间数据,以及地图点、线、面关联的名称、描述和其他文本及数值型数据的关系数据库文件,都是可获得的(Bishton, 1988)。

TIGER/Line(T/L)地图数据可以从125个高密度磁带或者是38个光盘中获得,其数据覆盖了整个美国。这些文件是数字化了的地图数据库,覆盖了所有人口普查区的地理区域和编码,尽管存在地区差异,平均每个州的TIGER/Line文件大约为400兆字节,一个县大约6 MB。此外还可以获取TIGER/DataBase(T/D)文件,包含了从TIGER数据库提取的点、线、面信息,用来辅助将TIGER数据输入到地理信息系统。TIGER/GIS文件包含了允许用户不需要手动编码标签而把名称指派给区域的地理信息编码。最后,TIGER/Boundary文件包含了特定边界集——例如 1990 年的州和县边界或者人口普查编码区——的坐标数据。在启动一个 GIS 的费用中，数字化的地图数据可以占到 3/4，而 TIGER 数据出现则使得成本控制和功能均有极大改善。

然而，美国人口普查局并不出售使用 TIGER 数据的软件。用户必须购买现成的且带有 TIGER 兼容功能的制图软件，或者是自己编写程序。例如，ATLAS * GIS 支持利用 TIGER 文件来绘制基于街道的地图，这一过程中要使用一个需要额外支付的 TIGER 转换功能程序。商业供应商有时出售各种版本的 TIGER 文件，这些文件为更好地与他们的程序兼容而作了改善，就如来自 Strategic Mapping 公司的 Atlas*Pro。通过 Strategic Mapping 公司（一系列 Atlas 软件的制造商）销售的 Dynamap/2000 是改善了的 TIGER，其来自 GDT，且具有地址范围的街道的数目是原来人口普查 TIGER 文件的两倍。

类似地，FMS/AC 具有一个称为 FMS/TIGER 插件的模块，允许用户从 TIGER 中提取数据，添加新的线要素到 TIGER 的街道地图，从新建的地理要素中提取属性数据，实施地址匹配，在用户指定的半径内检索数据，以及把信息转换成其他的 FMS/AC 模块，如 Street Maintenance 和很多其他模块。美国数字制图有限公司（American Digital Cartography, Inc.）还出售与 FMS/TIGER、FMS/AC 和 AutoCAD 兼容的地图。[5]

TIGER替代了1980年人口普查中使用的计算机GBF/DIME文件。GBF/DIME文件覆盖了大约2%的美国土地面积,但包含了分布在345个大城市和其他发达地区的60%的人口。由于当时使用的扫描技术简单,DIME文件在图形上是失真的,但是通常包含可用于地址匹配、地址编码以及制作专题地图的高品质数据。DIME文件的价格较为便宜。关于DIME文件的数据格式描述可参见Mather(1991:44—46)。更新版本的GBF/DIME文件包含在TIGER文件中。DIME文件有时与ETAK文件联合使用,其中ETAK文件是一个道路中心线信息的商业数据库,与诸如Arc/Info这样的GIS软件包兼容。

尽管有很多优势,TIGER的应用并不普遍。不适用的情况包括要求高精度坐标的RFD乡村地址系统地理编码、道路建设或应用,以及为土壤研究或者土地利用所作的空间分析。TIGER并不是100%精确的,而道路、边界以及其他被TIGER所使用的数据也在不断地发展。TIGER基于街道地址范围,并且根据美国法典第13条,禁止包含个体地址,甚至指定区域的街道范围都有可能要求进行更新。

在使用TIGER时的另外一个考虑因素是,其最重要的目的是作为方便人口普查计数的一种方法。因此,在制图中包含了某种惯例,使得现场计数变得更加方便,但也许不能精确地描绘现场情况。需要注意的一种惯例是对死胡同的延伸，以此在一个较宽的范围创建一个封闭空间，这样就以另外一种方式代表了一个普查小区。于是，这就为人口普查统计而建立了一个虚构的“小区”，但是在现实中这样的小区是不存在的，因为道路并没有延伸到那里。

很多用户会想把 TIGER 转换到一个更为常见的数据格式。这就需要用到第三方软件，如 Census Windows：TIGER Tools（GeoVision 公司）。这个可在 Windows 或者 OS/2 下运行的软件可以把 TIGER 文件数据转换成如 dBASE、Excel、AutoCAD、MARS、GeoVision 和 ASCⅡ格式那样的数据库。它可以抽取 135 个 TIGER 特征类、匹配特征类的代码、编辑 TIGER 记录、绘制和控制特征地图、输出重新格式化的数据，以及/或者使用 DDE（Dynamic Data Exchange，是 Windows 和 OS/2 的一个特色）连接 Excel 电子表格。来自同一家公司的 PC CAD 接口是一个类似但是更为专业化的功能，被用来把 TIGER 文件转换成 AutoCAD 的.DXF 格式。

CD-ROM 读取

人口普查局可以CD-ROM的形式提供上述提到的 TIGER/Line 文件（适用于 Macintosh 或者MS-DOS微机的

Microsoft CD-ROM Extension 2.0 或以上)。除了大量人口普查局的产品以外,还有很多地理相关的 CD-ROM 产品。这里会提到一些示例性的产品。

GEOdisc U.S. Atlas 包括了以 1∶2 M 比例表示美国的数字地图。地图包括了行政边界、高速公路和铁路、航道,以及其他要素——包含了一个附有坐标信息的位置和地名(超过 100 万)文件。其使用包含在磁盘里的 Windows/On the World 软件进行操作,允许数据检索、缩放显示,以及在 Microsoft Windows 环境下的编辑。该软件能生成矢量地图叠加(vector-mapped overlay),并输出到彩色印刷设备或者其他 Windows 应用,包括把地图剪切粘贴到其他文档。

World Atlas 中包括超过 240 幅全彩色的地图,以及附带数百页的相关文本信息。同样地,这是一个电子化的世界概况库,包括了来自美国和其他国家机构的数据,覆盖了地理、人口、政府、经济以及通信。U.S. Atlas 是一个面向美国的类似产品。

ZipView 兼容包含 ZIP 编码信息的 ASCII 文件,并生成最多为 6 种颜色的等值域图(choropleth map)。ASCII 文件可以由 Lotus 1-2-3、dBASE,或者一个文本处理器生成。内置软件可以允许用户缩放以显示区域、州,或者局部地区的数据,以及在相同缩放级别下移动地图。用户同样可以查看特定区域以找出指定位置的 ZIP 编码。

ZipView的目的是从地理上追踪广告导向，但是其可以用作所有包含ZIP编码作为一项数据字段的社会科学分析。

在线数据服务

社会科学家还可以获取大量与地图相关的在线数据服务。很多都可以在DIALOG——美国最大的在线信息供应商——上找到。DIALOG可以通过一个简单的菜单系统(图2.1)进行登录。这个菜单指向了其他选择，如人口普查局的在线数据库CENDATA，其通过菜单管理(图2.2)。从图2.1的菜单，用户可以选择5(Database Selection)，这将指向进一步的菜单选择并最终进入一个特定的选项，如CENDATA。当选择了CENDATA，CENDATA的打开菜单就如图2.2那样展示出来。

```
Enter an option number and press ENTER to view information on any
item listed below; enter /NOMENU to move into Command Mode; or enter
a BEGIN command to search in a different database.

          1  Announcements (new databases, price changes, etc.)
          2  DIALOG HOMEBASE Features
          3  DIALOG Free File of the Month
          4  DIALOG Database Information and Rates
          5  Database Selection (DIALINDEX/OneSearch Categories)
          6  DIALOG Command Descriptions
          7  DIALOG Training Schedules and Seminar Descriptions
          8  DIALOG Services

 Enter an option number, /NOMENU, or a BEGIN command and press ENTER.

      /H = Help          /L = Logoff          /NOMENU = Command Mode
```

图2.1 初始DIALOG菜单

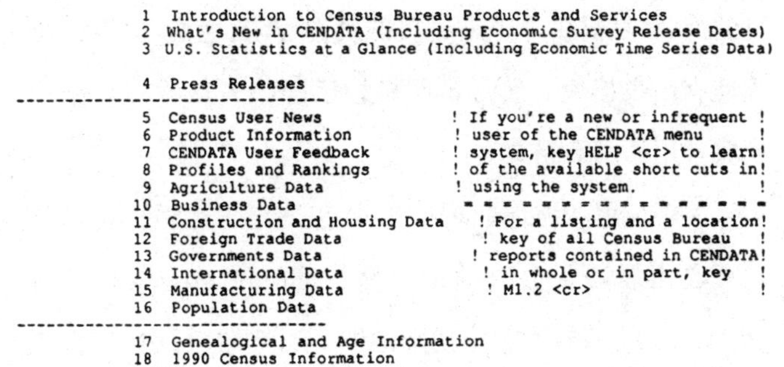

```
 1  Introduction to Census Bureau Products and Services
 2  What's New in CENDATA (Including Economic Survey Release Dates)
 3  U.S. Statistics at a Glance (Including Economic Time Series Data)

 4  Press Releases
--------------------------------
 5  Census User News               ! If you're a new or infrequent !
 6  Product Information            ! user of the CENDATA menu      !
 7  CENDATA User Feedback          ! system, key HELP <cr> to learn!
 8  Profiles and Rankings          ! of the available short cuts in!
 9  Agriculture Data               ! using the system.             !
10  Business Data                  = = = = = = = = = = = = = = = = =
11  Construction and Housing Data  ! For a listing and a location!
12  Foreign Trade Data             ! key of all Census Bureau    !
13  Governments Data               ! reports contained in CENDATA!
14  International Data             ! in whole or in part, key    !
15  Manufacturing Data             ! M1.2 <cr>                   !
16  Population Data
--------------------------------
17  Genealogical and Age Information
18  1990 Census Information
Enter choice:
```

图 2.2　CENDATA 主菜单

当然 CENDATA 并不是唯一的在线地理数据源。GEOREF 同样可以在 DIALOG 以 File 89 来获得。这个来自美国地址研究所(American Geological Institute)的数据库涵盖了全世界的地质学文献。在 DIALOG SELECT 命令中使用“IL＝MAP?”语句可以检索地图。使用语句“SF＝USGS”会把在线搜索指向美国地质调查局地图、报告以及其他出版物。此外,还可以通过地理坐标进行搜索。

本地化的数据源

用于个人电脑的 GIS 软件包的大量扩散产生了边缘效应——提高了地方层级的数据库的数量和质量。用户可以通过支付极低的费用或者免费地以常用的格式获得这些数据。

很多州也设定了地理资源机构。县级 GIS 部门是常见的部门,其提供了越来越多的资源,涉及地块、边界以及土地利用数据库。通常这些机构已经将人口普查数据转换成常用的GIS格式。

关于街道和地址数据的来源就是交通运输机构。公共交通当局通常会有辅助道路(collector street)和大街(thoroughfare)的数字化基础地图。当地的教育委员会和紧急应变中心也会有一个非常详细的街道地图数据库。最后,用于邮件清单和邮寄地址的最好的数据库来自当地的财产税办公室,包括了土地价值、土地利用以及分区。

地 图

尽管手工制图方法仍然在使用,并且被证明可以很好地满足特定社会科学用途(参见 Southall & Oliver, 1990),然而目前计算机制图已经相当普遍。对于很多社会科学家来说,计算机制图不外乎是选择一个计算机软件,其中包含与其专业或者研究有关的内置边界文件,具备相关的内置数据库,并且可以展示或者打印基本的等值区域图,或许还可以使用用户添加自定义的标签或者符号(例如,箭头)。因此,对于在国际关系和外交政策领域的教师和研究人员,曼德尔(Mandell, 1991)回顾了大约 20 种可以满足这些需求的软件。例如,PC Globe 带有内置的世界、洲际以及国家地图,并连同大量的数据库。《时代周刊简明年鉴》(*Time Magazine Compact Almanac*)包含了洲际地图和文本数据库。

这种地图相关的软件有 3 种类型。电子地图集软件(如 PC Globe)允许学生(以及研究人员)以地图的形式浏览数据,如显示在世界、洲际、国家或者州际地图上。利用电子地图集，数据可以较容易地展示，并且在某些情况下教师/研究人员可以添加新数据。第二种类型是普通教学软件，其中地图作为互动课程或者参考工作的一种形式，是教程和文本数据库的关键，就如在康普顿多媒体百科全书(Compton's Multimedia Encyclopedia)那样。第三种是带有制图组件的桌面发布软件，如 MapArt。用户可以利用自己选择的标签和符号来自定义的轮廓地图(outline map)文件，有时通过在一个与电子表格或者其他数据库有关的等值地图中填充阴影图案或者颜色图案进行自定义。

相比之下，大部分 GIS 软件基于设定的坐标系统以矢量形式存储地图信息。这样允许用户在不同投影之间转换、使用多层叠加，以及较容易地计算空间统计(例如，点距离)。GIS 的数据库组件允许用户制定与空间关联的查询，例如，对一个给定坐标的 10 英里半径以内的所有记录创建子集。以上这些功能以及其他的高级功能使得 GIS 软件与其他主流制图软件区分开来，虽然很多软件介乎两者之间。

第 1 节 | 数字化地图

地图通常是以数字化边界文件的形式购买。如 Atlas*GIS 这样的 GIS 软件提供了一个可选的模块(ATLAS*IMPORT/EXPORT),当所购买的边界文件的最初格式不能满足需求时,这个模块就可以将其转换成其他不同的格式。此外,GIS 软件也可以让社会科学家使用数字化技术来创建自己的地图。有时候这是必不可少的——当研究的对象不是行政单元时:人类学中的部落地区、政策分析中的服务区域,或者是社会学中的影响区域。对于获取和数字化数据并输入到 GIS 中,其综述可参见 Dangermond (1989)。

专业的测量人员如今在野外使用计算机系统来开发高精度的地图。例如,在业界处于领先地位的 Trimble GPS 系统包含了一个内置的测量数据库管理器,以存储并图形化地显示所有研究区域内的控制点。这个数据库模块允许用户使用鼠标点击任意两个点来获取它们之间的距离。这可能需要用到包含了 NGS 和 USGS 控制点的磁盘。通过接收仪收集用于绘制表面、地面建模和画等高线的数据，步行动态测量技术可以支持野外测量。附带的菜单操作型软件(TRIMVEC-Plus)使得野外数据的处理变得自动化——包括基线处理、环形闭合、网络调整以及生成报告。该软件同样支持向状态平面(state plane)和当地坐标(local coordinate)的转换。

然而，社会科学家往往很少从野外观测中创建地图。如果他们没有购买边界文件，那么就会在政府机构或者私人供应商提供的地图上进行操作。使用这种地图时应该考虑其精确度方面的质量问题。往往这样的地图适合于很少或者不涉及地面测量的专题用途。数字化就是通过GIS把这些印刷版地图变成电子形式的手工转换。数字化是一项劳动密集型的工作，其最终产品的质量将取决于源地图的精确度和数字化技术员的注意力。很多软件包提供了辅助修正边缘匹配问题的功能。涉及多个地图图幅的数字化项目可能需要对地图或数据输入错误进行手动修正。

Roots是数字化项目运用在学术环境中的一个案例。应用在MS-DOS、Macintosh或者是Sun平台，Roots支持多种数字化仪(digitizing table)和屏幕(monitor)。一般的工作流程是使用鼠标或者数字化仪来跟踪点或者链(组成一条线或者是连接到原点以组成多边形的一系列点)。用户接下来为每一个点、线或者多边形赋予标识。线或者点将会被进一步编辑，进而删除因为疏忽所导致的错误输入或者移动输入。另外，一个控制点系统允许用户将地图与外部的坐标系统关联。最后，地图需要保存在磁盘上，并将被进一步转换成各种地图格式。

控制点

控制点就是由 GIS 中与坐标系统有关的经度和纬度所定义的点。在等值地图中，控制点是由等高线的形状来决定的，即计算机把研究变量中具有相同值域的控制点连接起来。在分布地图中，控制点就是用于标示给定变量不同程度的圆形或者其他符号的中心。在使用等值地图或者分布地图时，必须要绘制控制点以建立一个点文件。点可能是人口普查小区的质心、城市中心或者是野外测量站的位置，这些取决于研究类型。

扫描

与数字化地图的构建日益关联的一个选项是地图扫描。地图扫描与文档扫描的处理过程类似，但并不如我们所愿——这并不是为劳动密集型的手工数字化提供一个简单的解决方案。高质量地图扫描设备的昂贵成本使得这种方法主要在合同服务局使用；然而，这种技术的确提供了较高的精度，即便是对于较大的图幅。彩色扫描也是一个可行的方法，最重要的是这个过程可以为 GIS 应用量身定做。这个扫描过程创建一幅从 200 到 500 点每英寸分辨率的栅格图像。为了完成 GIS 任务，栅格图形必须转换成矢量格式，以此来实现在 GIS 环境中使用和操作地理信息。该转换过程可能涉及在工作站中对图像特征的手动选择和操作，或者可能由软件以批量的方式来处理。随着图像技术的进步，将来扫描会变成地理数据录入的一种更为常见的方式。

第2节 | 图形文件的格式和转换

尽管几乎所有的GIS软件使用基于矢量的地图，然而在计算机文件中如何存储矢量信息并没有唯一的标准。或许使用最广泛的就是.DFX(Drawing Interchange Format)格式，其用于AutoCAD计算辅助设计软件(也使用其自身的.DWG绘图格式文件)和相关的FMS/AC GIS软件的输入输出。此外，还有许多其他格式。MapInfo同时使用.DFX格式和自身的.MBI数据格式来输入和输出地理文件。Intergraph使用.DGN格式以及被用于很多其他软件包的.SIF(Standard Interchange Format)。GisPlus使用被PC Paintbrush所推崇的.PCX栅格地理格式。Harvard Geographics和Harvard Graphics使用.SYM和.CHT格式，尽管他们与其他软件连接(.EPS Encapsulated PostScript，.HPGL Hewlett Packard Graphics Language，.CGM Computer Graphics Metafile，.PCX)。Atlas Graphics使用.BNA格式。

用户应该注意到部分格式用于栅格图像，而部分格式用于矢量数据。在 GIS 占主导的矢量格式主要包括：Aldus 的 PageMaker 所使用的.CMG(Computer Graphics Metafile)，以及 Xerox 的 Ventura Publisher 桌面发布软件。其他矢量格式还有：.PCI，Lotus 1-2-3 图形格式；.PGL，Hewlett Packard Graphics Language，HPGL；.WMF，Microsoft Windows Metafile——其局限于 64K；以及.DRW，Micrografx DRAW 文件——另一个 Windows 格式但不局限于 64K，同时也被 Ventura Publisher、Legend 以及其他发布程序所支持。栅格图像与.TIF(Tagged Image File Format，TIFF)关联，其源自 PageMaker 并被很多扫描设备使用。还有.EPS(Encapsulated PostScript)格式同时兼容矢量和栅格数据，其在屏幕上显示栅格图像，但是使用矢量数据驱动打印机输出。

美国地质调查局使用.DLG(Digital Line Graph)文件格式。这些文件的成本远远比创建一个新的土地基础要低廉，并且全美可用。3.0 版本的 DLF* 文件包含了相当多的属性和拓扑信息。美国地质调查局国家空间技术实验室(National Space Technology Laboratory)把.DLG 文件转换成 AutoCAD 和 FMS/AC 所使用的.DXF 格式，从中显示了这些文件如何作为一个低成本的市政土地基础而应用。像美国数字制图(American Digital Cartography)那样

* DLF 可能是原文笔误，联系上下文应该是 DLG。——译者注

的公司还出售.DGW、.DGN 和.DXF 格式[6]的 DLG 矩形图。

Tralaine 是一个地图坐标转换工具，可用于在文件复制过程中任意 9 种格式之间进行转换，包括：.DXF（AutoCAD，FMS/AC）、.DLG-3（USGS）、.GEN（Arc/Info）、.SDF（standard data format，源于 dBASE）、DLMTXT（ASCII comma-delimited format，源于 dBASE）、.BNA（Atlas * Graphics 和 Atlas * GIS）、.MBI（MapInfo），等等。选项可以允许对 AutoCAD 的.DWG 文件进行直接转换而不需要创建中间的.DXF 文件。HiJaak 是另外一个可以在普通地图格式之间进行转换的功能软件。

第4章

分析制图

第1节 地图类型

参考地图

参考地图(reference map)是基本的地图,展示了特定要素(区域)的边界并标明各种位于边界内部的对象——通常也会附有标签。例如,高速公路地图就是参考地图,其中把对象标记为道路、高速路出口、城市以及休闲区。地形图是一种特殊类型的参考地图,其中的对象是地表特征,如道路、河流和排水线,以及铁路。尽管参考地图在定义上是简单的,但是确实有值得注意的问题。例如,计算机化的标签可在日益复杂的所有三个层次完成:标签放置于多边形的图形中心;检查以确保几何中心是位于多边形内部,并且当几何中心不在多边形内部时将标签放置于另外一个位置;包含检验并自动调整标签处于水平位置,使得尽可能多的标签出现在多边形内部(Roessal, 1989)。

参考地图的这种定义上的简单性意味着它们可以分幅

的形式购买，其操作也像其他图形一样，可以添加标签、颜色以及符号，但不能进行 GIS 操作。图 4.1 是利用 MapArt 创建的一幅英国参考地图。

资料来源：经 MicroMaps 软件授权使用。

图 4.1　使用 MapArt 制作的英国参考地图

等值区域图

读者最熟悉的地图类型或许就是等值地图(choropleth map)了,在其中要素(区域)根据准则以颜色或者阴影的方式表示在地图上,使得阴影的特征反映了某些变量的强度。这种地图有时候也称为专题地图(thematic map)或者晕渲地图(shaded map),尽管术语"专题地图"也包括分布地图。起源于希腊词汇的"地点"(*choros*)和"数值"(*pleth*),等值地图展示在图 4.2,表达了总统选举中华莱士获得的选票与共和党(尼克松)和民主党(汉弗莱)候选人所得选票的比较。这幅图是由 Elections 程序生成的,显示了 1968 年华莱士(反民权的独立候选人)在亚拉巴马州获得的选票。例如,在行政区地图中,地图区域阴影的颜色深度可能显示了某位总统候选人所获得的支持度。有关专题地图的更多文献,参见 Cuff & Mattson(1982)。

取决于制图软件的不同,阴影可能不仅仅反映数字属性的量级,也可以反映一个字符属性的不同值,如宗教从属关系(例如,天主教徒、新教徒、犹太教徒)。例如,美国国家海洋和大气管理局(National Oceanic and Atmospheric Administration)的 GeoCoast 系统使用人口普查局的 TIGER 数字化地图文件和其他数据来生成专题的地图集,展示了全国海岸资源的趋势(到 1990 年为止,已经出版了 7 个这

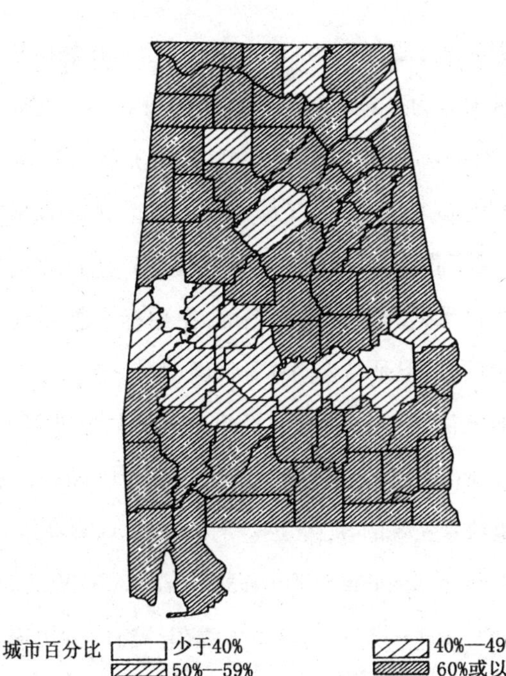

资料来源:转载自戴维·L.马丁(David L. Martin)。

图4.2 使用Elections制作的1968年华莱士选举的等值区域图

样的地图册)。等值地图通常使用等面积投影。

在等值地图中有可能出现地区偏差,因为就特性而言,这是用一个简单的阴影或者颜色图案来描绘整个地理区域。即,等值地图对一个区域内数据的标准差的差异(同方差和异方差)没有作任何调整。例如,在一幅人口密度的等值地图中,在沙漠地区所有人都居住在一个中心城市,这种情况可能会被描绘成如同在农业地区一样,同样规模的人口均匀地分布在整个区域。

尽管对这个课题有相当多的研究，但是在如何把一个连续变量划分为一组变量的问题上还没有一个共同认可的方法(Paslawski, 1984)。一个常用但是比较武断的方法是根据想要的分组间隔的数目把数据划分为相等部分。相同区间方法可能会在不同的区间产生严重的比例失调。假设数据的分布是正态的，使用标准差方法可以避免这个问题，但是结果同样是武断的。一个看起来是自然分割的方法是组合数据使得组内数据的方差最小化。这是詹克斯(Jenks, 1977)使用一个由费舍(Fisher, 1958)开发的算法来实现的，此外史密斯(Smith, 1986)使用一个方差拟合优度(goodness-of-variance-fit, GVF)检验(参见Dent, 1990:163—165)。[7]其他人提倡分组的方法应该在单因子方差分析(one-way analysis of variance)中使得 F 值最大化(如，组间方差与组内方差的比值；参见 Dent, 1990:161—162)。然而，在日常使用中这些更为复杂的方法往往是被忽略的。

等值地图通常对一个变量展示 3—8 组分类值。8 组往往被视为大多数地图读者能分辨清楚分类值的上限(Jenks, 1963:20)。即，如果连续的数据不能在避免过度丢失数据的前提下根据值域分成若干个类别，那么等值地图就是不合适的。随着类别数的增加，地图用户将会越来越难以识别不同阴影和颜色图案的含义，甚至于难以区分这些类别。图 4.3 显示了解决这个问题的一个方案：输出实际值并使用比例尺那样的图例，在这个例子中就是表示每个住户的平均美元数。图例直观地显示了相较于较暗的区域，白色区域代表更为宽广的收入范围。

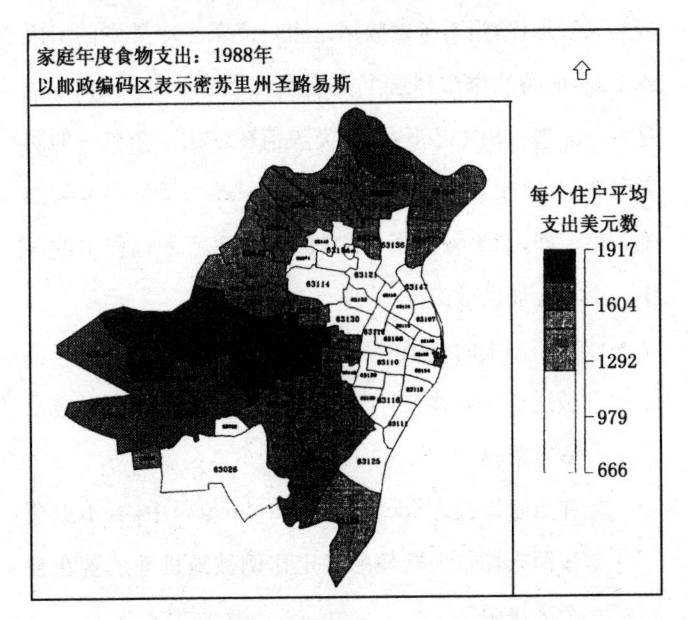

资料来源：经美国国家计划数据公司(the National Planning Data Corporation)授权使用。

图 4.3 使用 MapAnalyst 制作的具有叠加值和比例图例的等值区域地图

很多研究已经指出，使用者往往倾向于把颜色较深的区域等同于具有更多的数量，而当绘制不以数量进行排序的定性变量时(如主要的宗教从属关系)，这容易使读者混淆(Antes & Chang, 1990)。同样需要注意的是，背景颜色应当采用浅色，原因是，在使用深色背景时，有些用户会把浅色等同于“更多”(McGranaghan, 1989)。

等值地图可以选择分类或者不分类。分类的等值地图具有限定数量的离散阴影图案，或者灰度色调，或者颜色，并且给定的记录将会被分配到这些分类。正如在任意分类系统那样，当不考虑数据是否位于某一个类别的上限或下限，而将其添加到这个类别或者另外一个类别时，信息将会丢失。相比之下，不分类等值图使用一个单一的阴影图案、灰阶或者色调来标明每一区域相对于测量变量的唯一值。即，如果测量了人均收入，下面三个过程中的其中一个将会被执行：

1. 阴影图上的线条分割距离(separation of line)将会被适当地调整到对应的人均收入，最低收入对应着最宽距离。
2. 在点密度技术(dot-density technique)中，若干点会按照人均收入数额的确定比例被随机地放置在整个区域中。
3. 在颜色系统中，一个精确的色调将会对照人均收入数额所对应的光谱位置(spectral position)而描绘在图上。

不分类等值图是计算密集型的，并且是随着计算机制图而产生。有一些证据显示，相比较于具有5个或者更少类别的分类地图，不分类等值地图能够被更为准确地理解(Peterson, 1979)。证据还显示相比较于纯色图案或者灰度色调序列，交叉线条阴影更容易被解释(Mak & Coulson,

1991)，只要阴影图案是随着数值增长而逐步加密。

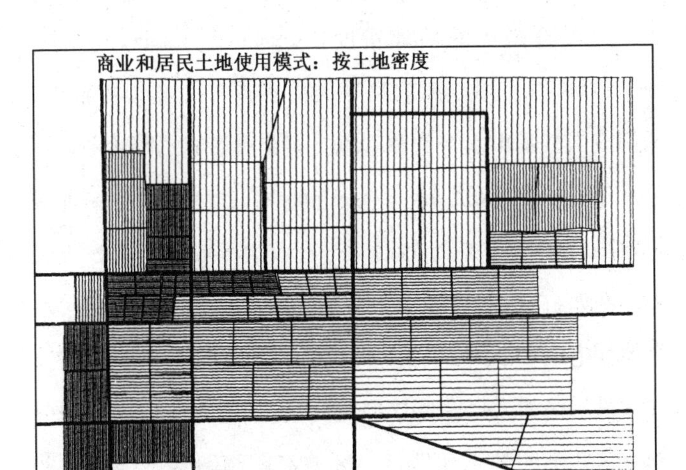

图 4.4 不分类等值区域地图

UBC 地图。UBC 地图是不分类的二元等值地图(unclassed bivariate choropleth map)。这些地图尝试使用交叉线阴影来显示两个变量的空间分布，图 4.4 显示了一幅不分类的单变量地图。比较之下，在 UBC 地图中，垂直线的间隔距离表示了一个变量的数值，越靠近的距离成比例地表示了更大的数量。类似地，阴影图案中水平线的间隔成比例地表示了第二个变量。UBC 地图较为复杂，但是研究也显示了这种地图可以满足用户估计数值的需要，这不同于以往对于制图领域的印象，即认为 UBC 地图为地图读者施加太大的负担(Lavin & Archer, 1984)。[8]有证据显示，当UBC地图附带有离散范围的矩阵图例时，我们就可以得到一个稍微高些的估计精度（Aspaas & Lavin，1989）。即，最好可以使用分离的离散类而不是一个连续的范围，图例应当显示由水平类和垂直类相交所形成的网状图案。

区域密度地图（dasymetric map）。密度地图是一种等值地图，使用了自然边界而不是行政边界或者其他官方边界。例如，在一个城镇环境中，自然边界有可能由公园、综合的住宅区和工业区等形成。在等值地图上基于行政边界来显示诸如人口密度这样的变量，会把人口密度平均分布在这些不同的自然区域。区域密度制图尝试描绘这些自然区域并以它们为基础绘制等值地图，例如，没有人居住的公园就不会与综合住宅区一样被用来取平均。区域密度地图可能要求研究人员自定义数字化自然区域，但是只有当研究的变量具有与政区和行政边界不对应的离散而非连续的边界时，才建议采用这种方法。

块状地图（block map）。块状地图是一个三维变化的等值图块状地图，也被称为棱镜地图（prism map）或者斜台阶地图（oblique stepped-surface map），其采用一个倾斜的视角和三维的表示，使得一个区块的高度对应研究变量的数值大小。棱镜地图的一个明显问题就是当具有较小值的区域位于具有较大值的区域后面时，前者将无法被观察到。这个缺陷可以通过使用高架点地图（elevated point map）而避免，其中不同高度的“针”（pin）从每个区域的中心位置开始升高。然而，高架点地图更加难以理解，因为观察者的眼睛必须从“针”的顶端移动到底部，并从中看到数值与面积之间的联系。相反，在区块地图中，这个基本区域的形状都是以高架的形式——高度成比例地对应于数值——显示出来。观察者的眼睛集中于区域的顶端，可以看出数值大小并且同时通过其形状辨别所在区域。在区块地图的立体地图变体（stereoscopic map variant）中，两个区块地图同时绘制以显示真实三维效果的立体视觉（Monmonier，1982：126—128）。

面积统计图（area cartogram）。面积统计图是等值地图的第三种变异，在面积统计图中地理单元的二维边界是失真的，这样每一个单元的表面面积与所要测量的数值成比例。在世界地图中，使用与 GNP 数值成比例的面积表示国家的大小就是这样一个例子。如果数值差异太大，一些具有很低数值的地理单元可能就会由于太小而无法辨别，并且地图中的比例由于严重失真以致用户无法从地理学的角度理解，尤其是当外部边界的存在不是作为一个统计图的约束时。另外一种是非连续的面积统计图，其保留了区域（如，县）的形状，根据某些变量（如，人口百分比）的大小来确定形状的大小，然后非连续地放置。使得它们的外围边缘与所要分析的区域轮廓（如，州）保持一致（Monmonier，1982：123—124）。有关统计地图的创建，参看 Raisz（1935）和 Tobler（1968）。

分布地图

分布地图(distribution map)使用各种符号来展示了地图中位于每一个要素(区域)内部的一个或多个属性如何变化。针状制图(pin mapping),或者发生率制图(incidence mapping)就是最简单的分布制图,例如,点被叠加到基础地图上显示在一个城市中的谋杀案发生的位置。然而,点和线都会在宽度、颜色、类型或者其他显示特征方面发生变化,以此来标明一个或者多个属性的相对存在或缺失,很像在专题地图中不同的颜色和阴影图案被用来展示属性数据。基于这个原因,很多软件在提到属性地图的时候指的是“点数据的专题地图”。分布地图的一个普通例子就是通过增大圆形来表示人口数更多的城市以展示人口分布。例如,威廉·鲍恩(William Bowen)和尤金·特纳(Eugene Turner)(加州州立大学北岭分校地理系)使用ATLAS*MapMaker建立奴隶制的点分布地图。点就是县的质心,而奴隶数量表示为一系列随着奴隶数目逐渐变暗的点或者圆形符号。

还可以引用很多其他案例。例如,绘制附有银行信贷的物业分布位置,以此来收集可能的银行贷款歧视政策(bank redlining policies)方面的信息。用户可以把诸如服务供给办公室的点分布与诸如交通路线叠加或者服务请求分布的叠加相比较。全国药物滥用研究所(National Institute on Drug Abuse)使用GIS把AIDS相关个案联系地址与避孕套、漂白剂和其他杀毒药剂的供应的分布匹配起来。警察能够把盗窃案件的日间和夜间分布绘制出来,以此来建立不同时段的不同巡逻模式。

符号的使用。除了改变宽度以及点和线的其他属性来标明变量的数值,标签(label)的字体和大小也可以达到同样的目的。例如,当标注城市的时候,道路地图通常会对应更大的城市规模而使用更大的字体。同样,举一个政治学的例子,不同的字体可以用来区分一种类型的控制点(如,市长—议会城市)与另外一种类型的控制点(城市管理—议会城市)。使用不同大小的实心圆形是创建分布地图的一种常用的方法。采用固定尺寸小圆点的点分布地图确实有效地表达了空间密度的变化,但是用户往往发现不能估计源数据的数值。一般来说,地图用户低估了点分布地图上圆点的数目,并低估了具有不同点密度的地区之间的差异(Provin, 1977)。

相反,感知试验已经证实了成比例的圆形地图具有较高的符号认知度,并且在不同地图读者之间具有较高的一致性(Jenks, 1975)。除此之外,尽管用户仍然会低估圆形的大小,但是在使用清晰和适当的图例的前提下,我们还是应该继续使用绝对比例(Chang, 1980)。用户必须选择一个大小分级方案,使得最小控制点的数值对应一个依然可以识别的点,而最大值必须对应着一个大小合适的圆——不至于太大而覆盖和掩盖其他控制点。同样地,即便具有足够的空间来显示,假如用户使用更大的点可能会错误地暗示该研究拥有大量的研究案例,而实际情况是只有相对较小数量的案例(如,斧头谋杀案)。清晰的图例——每一个圆的大小显示在对应的数值旁边——是必不可少的。

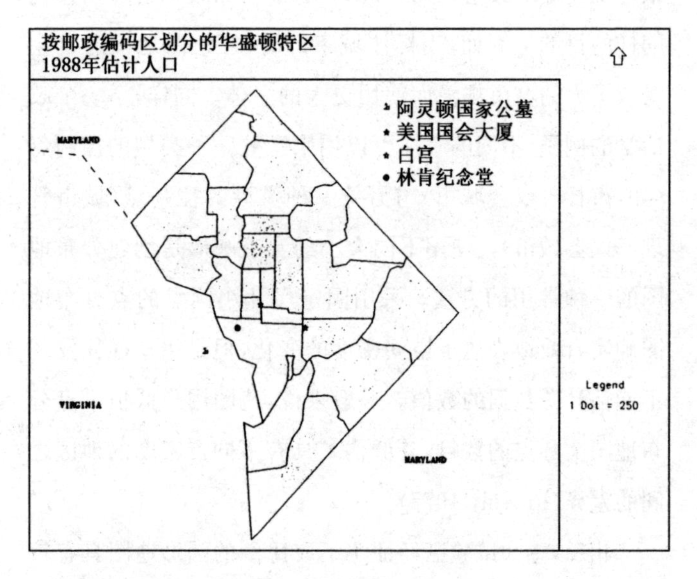

资料来源:经美国国家计划数据公司(National Planning Data Corporation)授权使用。

图 4.5 使用 MapAnalyst 制作的华盛顿特区人口点密度地图

如图 4.5 所示的华盛顿人口地图那样的点密度地图使用相同大小的点来表示一种现象的一个或者某个给定数目。单个点显示了一种现象在某个位置的数目。如果位置不确定，那么这个点就随机地放置在所属的区域内部。所有点都必须代表一个足够大的数目，这样就不会有太多的重合(在更密集的地区点重叠在一起)。同样地，如果这些点都代表了太多的数目，点密度将会变得稀疏，容易使人错误认为这种现象是很少的。这样的地图应该使用最小的那个数值作为一个点，使得不会导致明显的重合。使用麦凯计算图表可能有助于选择点的大小和单位数值(Mackay，1949；Robinson et al.，1984:304)。

当圆形使用一个浅色阴影搭配深色的圆周时，点就可以重叠在上面或者被包含，这样依然可以传达想要表达的信息。双变量分布可以利用圆饼来显示。例如，圆形的大小可以表示在每一个区域里的房地产财富总额，而每一个圆形则可以用饼图切片表示少数族群所拥有的房地产。在更为复杂的情形下，圆可能会被分割成很多个扇形区(如，每一个代表了一种不同的土地用途)。分布地图有助于同时显示多个变量。例如，一幅收入模式的地图可以在一个抽样调查中使用M和F作为符号来绘制人群的性别，而这些符号的大写可以代表每个组别的工资颜色，也可以用来表明工资变化率。

不同的GIS软件可能支持不同的圆形符号。有时候也会采用成比例的球体或者立方体来替代圆形。就此而言，表示真正数目的真实数字可以用来作为符号，或者在字体上与数值成比例地缩放。此外，在重复符号方法中，多个符号(如,盒子或者是如油桶等图案)将会被附加到它们所表示的点上,而符号的数目与所表示的数值成比例。这个方法等同于柱状图,除了多个"柱状"符号按照地理位置放置于适当的地图区域。有时候也会把12个月份的垂直柱形排列在所代表的城市或者地区的位置上,代表指定年份的月度数据。

流程线经常用来表示迁移、贸易以及其他地区之间的交往。与使用圆形的地图一样,流程线也可以按照流量的数值来设置大小。流程地图有时会把流程线沿着移动的路径符号化,如贸易路径,但更多时候仅仅显示起点和终点——通过使用一条美学上的曲线以任意的路径来连接。

等值线地图

等值线(isoline)是连接那些具有相同数值的控制点的线。这些数值有可能是定距测量(收入数额)、比率(人均收入),或者是相关系数(收入与教育的相关性)。等值线(isometric line)连接相等度量值的线,如等高线(contour line)显示了位于水面上的高程(elevation)。等值线(isopleth line)所连接的数值是比率,如每平方英里的人口数。等值线地图(isarithmic map)是一种基于等值线(isometric line/isopleth line)的地图。然而,不论等值线的类型,通常这一类的地图都是指等值线地图(isopleth map)。

尽管最常见于锋面系统的天气地图，或者是像远足者常用的国家大地测量系统（National Geodetic Survey）那样的地理地图，等值线地图却是一种常见的地图。等值线地图使用等高线来连接地图上类似的点，因此基于这个原因也被称为等高线地图。例如，具有同样收入中位数的人口普查小区可能会被连接起来以显示财富和贫穷的区域分布。通过等值线（isarithmic line）划定的地图可能留空或者以相等的点密度、灰度色调、颜色来填充。例如，自然地图经常使用分层设色——一种从绿色（低）到黄色，再到棕色（高）的颜色编码。在高程地图中，有些会把绿色误解为深青色——这可能是代表了沙漠低地。Kummler & Groop（1990）发现，使用一个彩虹序列——其中红色代表高而紫色代表低——的颜色表示等值线地图是一个比其他方法更为高效的方法。

当等值区域图（choropleth map）可能会夸大那些跨越边界的差异的时候，等值线地图就显得特别有用。即，所要测量变量（如，人口密度）的边际变化有可能把一个给定的地理单元归类到一个类别或另外一个类别。等值区域图根据所属类别为每一个地理区域绘制阴影图案或者颜色。这样的效果可能会暗示变量的强烈变化，如人口密度变量，当其从一个地理单元跨越边界到另外一个地理单元时。相比之下，等值线地图（isopleth map）显示了一个数值类别的地理分布的真实等高线。当这些等高线重叠在显示地理边界的图层上时,读者可以更好地理解边界和数值之间的关系。当然,要实现这些,使用者必须在每一个地理单元里面都有很多的点值数据,这样等高线才能被绘制出来。

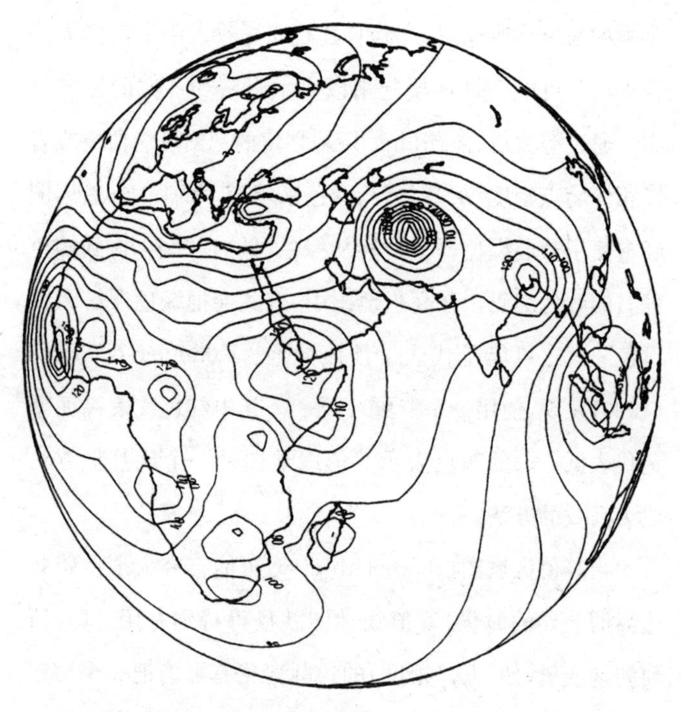

资料来源:经 Systat, Inc.授权使用。

图 4.6 使用 Sygrah 制作的世界婴儿死亡率的等值线图

图 4.6——世界婴儿死亡率的等值线地图——被用来显示等值线表示的一些问题。婴儿死亡率这个主题甚至在紧紧相邻的区域之间都能有很大的不同,如具有高婴儿死亡率的贫民窟与邻近的那些具有低婴儿死亡率的富人

区。类似地，具有高婴儿死亡率的城市或者其他地区，可能毗邻那些显然具有零婴儿死亡率的沙漠或者水域。这个例子可见图 4.6，婴儿死亡率被绘制在南大西洋和印度洋的大片区域，很显然，其中的实际婴儿死亡率接近于零。等值线地图的使用是假设了存在一种高度的空间自相关——在其中读者可能会自然而然地想到地理坡度，如降雨、污染或者是农业收入。[9]

渔网地图(fishnet map)。这些是数值相等的块状地图，使用斜三维视图来描述连续数值，使得高度与所要表达的数值相关。然而有证据显示，与色调等值线地图(color-tone isopleths map)相比，渔网地图的解释程度较差(Kummler & Groop, 1990)。Surfer 就是其中一种廉价的地图程序，其生成三维渔网地图和二维等值线地图(参见 Dent, 1990:232)。

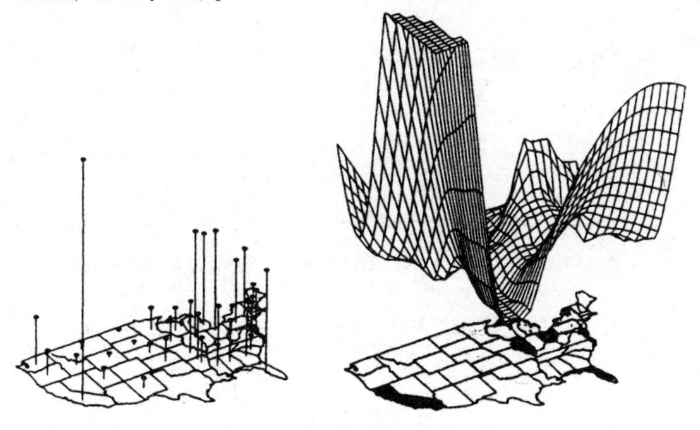

资料来源：经 Systat, Inc.授权使用。

图 4.7 使用 Sygraph 制作的上升的针状图；以等值为基础的渔网图

剖面图

剖面图(profile)是在垂直方向表示的等值轨迹。在地球数据的例子中,剖面轨迹是垂直的平面,显示了沿着一条指定线的地球表面以及地下地层。要想建立一幅区域地图,我们必须要使得两幅或者多幅剖面图互相垂直以形成一幅等距块状图,这样允许用户浏览地表和每一个地下地层的高程。然而数据并不局限于地质学,例如地层可以展示不同年龄群组的地区分布。借助计算机辅助技术,用户可以以任意角度、旋转或者是高程视图的方式展示轨迹。

第2节 | 缓冲区

一幅地图区域的界限(demarcation)作为缓冲区(buffer)是GIS反向数据捕获能力的有用技术。缓冲区是一个从选定的地图要素(点、线、多边形)为起点开始测量,经过一定距离的区域,如代表一条高速公路的线,其两侧的走廊,或者是一个地图区域边缘的半径范围。缓冲区的应用可能包括生成位于某个位置一定距离内的所有物业的邮寄名单,以及建立一个围绕机场附近受到高度限制的区域。有些GIS软件,如Arc/Info,能够围绕上述三种地图要素生成缓冲区;其他的软件局限于围绕点和线生成缓冲区。

第 3 节 | 叠加

几乎所有的制图软件都支持地图叠加(overlay)。例如,一个邮政编码(ZIP code)区域的文件可以放置于县边界文件上,然后添加城市的点文件,高速公路的线文件。作为社会科学的一个演示,Dutt, Kendrick & Nash(1979)把俄亥俄州阿克伦市的一个选举模式地图叠加在人口普查地图上,以此来分析 1976 年总统选举中卡特的选票。当然,只有相同投影的文件才能叠加在一起。(在 Atlas*GIS 中,投影是用 File-Geographic-Tools-Project 命令进行更改的。)已经完成的叠加地图放置在一个单独的文件中,而不改变源文件。在大部分系统中,叠加文件将会占据几乎等同用于叠加的不同文件所累加的磁盘空间。

在 Atlas*GIS 中这样的叠加很容易实现。用户首先利用 File-Geographic-UseAs 命令来选择最大的文件。在命令中的 UseAs 语句将会保证源文件不会被更改。接下来,用户使用 File-Geographic-Tools-Append 命令来选择将要被添加进来的第二个文件。然后,选择“删除重复”(Reject

Duplicates)，这意味着将要获取的要素中含有第一个文件中的ID的部分将会被删除；或者，用户也可以“替换重复”(Replace Duplicates)。如若添加更多的图层，则重复这些步骤。

应当注意的是，地图信息的准确性与地图图层的数目、精确度以及在若干个图层的同一个位置发生错误的程度成反比，也就是说，累计错误随着地图叠加而发生。纽科默等人(Newcomer & Szajgin, 1984)已经提出了一个计算复合叠加地图的上、下精确度范围的方法。然而，这个方法要求知道在一个指定位置的指定图层出现正确值的概率。因为这通常是难以知晓的，所以这个方法用得不多。

第 4 节｜地图建模

使用那些在其图形组件中提供制图功能的传统统计软件，用户可以实现有限的制图功能。例如，Systat/Sygraph 支持等值区域图、等值线地图和三维块状图。[10] 同样可以把传统的统计软件与 GIS 软件连接。Southall & Oliver(1990:151)展示了一个 SAS 数据步骤以输出一个可以被 GIS 系统使用的命令文件(这里是 GIMMS，参见 Mather，1991：chap. 4)，包括一个绘制英国失业分布的案例。然而，包括 Systat/Sygraph 这样的统计软件通常缺乏 GIS 软件的多功能性，包括在不同坐标系统间移动、实现叠加、数字化功能，以及一个完整 GIS 软件的其他方面。GIS 软件在建模方面的使用将在接下来的部分中讨论。

尽管这个功能显然不可能合并在已有的 GIS 软件里面，但是已经有各种各样的幻灯片放映软件可以动态模拟一系列随着时间或者另外一个变量而变化的地图。但使用三维地图时，地图的动态模拟允许同时进行四维视觉分析。

数据搜索

在一定范围内，GIS允许视觉搜索。缩放和移动功能允许对地图要素、线、属性、点进行宽视野的概览，并进行详细的检查。地图可以从多个角度查看，有时也可以用三维的形式。GIS把数据搜索的范围限制在一个设定的地理数据库子集是一个定位信息的有效方式。在一个数据库中对地理区域的描述被命名为“反向数据捕获”（backward data capture），它作为一个整体会自动地过滤那些与分析无关的类似值记录。例如，基于城市范围内的种族迁移，在一个相对较短的时间跨度上可能不容易被检测到，但是在选定社区之间的一个很短时间内的变动可能更容易被识别。结合地图动态模拟，可视化搜索可以形同于信息空间分布的虚拟漫游。

使用GIS进行数值搜索同样简单。在一幅要素是州、数据点是ZIP编码区质心的地图中，用户几乎可以马上定位所有工资中位数高于＄25 000且黑人比例超过20％的数据点。名称搜索是等效的字符变量。例如，用户可以显示包含字段的所有地点。同样地，在一个包括个人的居住位置作为点数据的GIS中，用户可以马上找到表示“Roger S. Smith”的点。数值搜索的用途囊括了从提供用于政策讨论的背景知识，到为特定的个体派遣支援服务。大部分人口超过100 000的城市如今都有计算化的派遣系统，借助该系统，911紧急呼叫的位置可以立刻被定位出来(Parent & Church，1989:16)。

地址匹配(address matching)——数值搜索的一种特殊形式——是很多GIS程序的一个特点，如Atlas*GIS。地址匹配允许基于具有相同地址记录的多个数据集合进行组合。

临近搜索(proximity searching)是GIS系统中一项有用的功能。这可以用在地区乘车共享项目，通过匹配家庭住址以及工作地点的接近性来匹配通勤者与交通工具。竞选活动可以使用临近搜索来生成一个登记为民主党的人员名单，以及位于某个竞选总部五英里半径范围内的人员名单。

所有这些形式的搜索都可以通过基于本地(或者其他)网络的地理信息系统进行扩展，其允许多个远程用户登录系统。正如所有网络系统一样，通过使用密码系统和其他安全条款，不同的用户可以获得不同的访问或者编辑权限。

汇总统计

很多的汇总统计已经被开发应用到拓扑学应用。遗憾的是，大多数的制图软件在这一领域都很弱。Atlas*GIS

实现了质心计算，并能够用来计算面积平均值和地理均值，但是在编写本书时它不能支持下文将要讨论的其他形式的基本统计分析，更不用说是更加专业的形式了。

距离(distance)。设定两个点的直角坐标 x 和 y，勾股定理计算距离 d：

$$d = \sqrt{(x_2 - x_1)^2 + (y_1 - y_2)^2}$$

即，直角三角形的两边的平方和等于斜边——距离——的平方。注意，当第三组坐标 z 作为“$+(z_1 - z_2)^2$”项被添加进来时，这个方法也适用于三维的情况。

形状测量(shape measure)。很多统计被设置成用来概括一个区域的形状。形状比(form ratio)是在延伸度(elongation，以面积相对于宽度来衡量)上测量一个单元的紧密度：

$$\mathrm{FR} \cong 1.27(A/L^2)$$

在这个公式中，A 是单元的面积，L 是这个单元两个最远距离的点之间的距离。形状比——其推导的讨论可参见 Selkirk(1982:53—54)——的范围是从 0 到 1，低值表示一个显著拉伸的形状，而高值则表示一个很紧凑的形状。例如捷克斯洛伐克的形状比是 0.28，而罗马尼亚的形状比是 0.56。

紧密度比率(compactness ratio)使用一个可以包围其周长的最小圆周的半径 R 来测量一个单元的紧密度：

$$紧密度 \cong 0.32\,A/R^2$$

紧密度比率已经被应用在选取分析，其假设值域与形状比非常接近。

半径比率(radius ratio)，是以一个单元的边界内可以包含的最大圆周的半径 r 与可以包围这个单元的最小圆周的半径 R 之间的比率来测量的。因此，半径比率简单表示为 r/R。

圆度比(circularity ratio)——有时会被用来作为一个单元的紧密度的测量，被认为是对单元边界的旋绕程度(convolutedness)的一个更好的测量(基于周长相对于面积的比率)：

$$\mathrm{CR} \cong 1.26\,A/p^2$$

在公式中，A 是单元的面积，p 是周长或者是边界长度。圆度比的值域范围是从 0 到 1，其中 1 表示该单元的边界是一个圆周。边界越是旋绕，圆度比就会越接近于 0。相对于前述几种比率，侧重于周长的圆度比可能使得一些单元的归类显著不同。

面积平均值(areal average)。目前用在制图中的最简单和最常见的汇总统计就是面积平均值。密度测量就是面积平均，其中事件的数目被多边形的面积相除，如每平方英里的人口数。另外一个例子是每英亩的小麦产量，在这样一个统计中，当整个区域的英亩数被用来作为分母

时，结果就会自然地出现误导。这种情况是，很可能用于小麦生产的真实英亩数仅占整个区域所有英亩数中的一小部分。

解决这个问题的一个方法是重心(center of gravity)法。一个大小可变化的符号可以用来描述所研究变量(如，农作物产出率)的不同数值。当农作物均匀地分布在整个区域时，这个符号就放置在区域的几何中心。然而，当情况不是这样时，符号就放置在重心位置。重心可以被定义为质心(centroid，参见下文)或者通过运算法则转化。但有人偏向于使用被检验变量的最大密度所在位置作为符号点。当然，点分布地图直接显示了密度功能，可能比重心法更容易接受。

正如在其他研究领域一样，在制图学中，均值和标准差被用来测量定距数据的集中趋势和离差。中值和十分位范围(如，位于第1个十分位与第9个十分位之间)被用于定序数据。众数和变异比率(不在常态类别的观测比例)被用作定类数据。

地理均值(geographic means)。当合计值按照不同大小的地理单元取平均值时，如果被研究的值是与面积相关的，那么传统上就应该根据面积的大小来加权每一个值，这就是地理均值。例如，对于县级的每英亩土地的农田数值，用户可以把每个县的数值乘以它的面积，对所有县进行加总，然后除以所有县的总面积。对于那些与面积无关的变量,比如人均收入,地理均值就不再适用了。

区位熵(location quotient)。区位熵通常用在测量那些假定为均匀分布的某些现象的地理份额。例如,对于一个给定的州,用户可能计算民主党所得选票的百分比,假设为45%。这样对于每一个选区,区位熵就是该选区的民主党所得选票百分比与整个州的民主党所得选票百分比(0.45)的比率。相对于这个州作为一个整体的情况,民主党在那些区位熵大于1的选区具有更高的支持率,而在那些区位熵小于1的选区则具有相对较低的支持率。注意,作为百分比的比率,区位熵与单位尺度无关,这就允许在不同类型的地图之间进行比较。区位熵的范围(如,<0.9,0.9—1.1,>1.1)可以显示在等值区域图中,以此来突出地理分布。当数值压缩到0—1.0时表示比例不足(underrepresentation),而数值在1.0以上则是比例过高(underrepresentation)。加上区位熵对研究对象的尺寸和形状非常敏感这个因素,很多作者在比较百分数的比率时,他们更愿意使用标准化的 z 分值,而不是区位熵。

质心计算(centroid computation)。Atlas*GIS、IDRISI以及大部分的其他制图软件应用质心计算。然而质心具有多种形式:区域单元的质心是一个相对于边界的区域中心;区域人口的质心是相对于人口分布的区域中心;加权的质心指的是相对于人口分布中某些属性的量级所确定的区域中心。

区域单元的质心通过提取一系列围绕区域周长的代表点而计算,而不考虑其形状。这些点的坐标 (x, y) 首先被列出来,其中最后一个点与第一个点重合,使得这些点所描述的多边形是闭合的。如同 Griffith & Amrhein (1991:116)所讨论的那样,多边形的面积 A,以及区域单元质心 (x_c, y_c) 的坐标可以由以下公式计算出来,其中 k 是点的数目,y_0 等于 y_k:

$$A = \left| \sum_{i=1}^{k} x_i (y_{i+1} - y_{i-1})/2 \right|$$

面积表示为任意单位,用于接下来两个计算区域单元质心坐标 x 和 y 的公式:

$$x_c = \left| \sum_{i=1}^{k} (y_i - y_{i+1})(x_i^2 + x_i x_{i+1} + x_{i+1}^2) \right| /(6A)$$

$$y_c = \left| \sum_{i=1}^{k} (x_i - x_{i+1})(y_i^2 + y_i y_{i+1} + y_{i+1}^2) \right| /(6A)$$

区域人口质心也被称为人口质心或者空间均值。这就是人口普查局在每10年一次的人口普查结束后公布哪一个美国的社区是"美国的地理中心"所用到的统计量。人口质心简单来说就是所有人口点集合的平均经度和纬度。通常,普查区域会被划分为分区(section),而人口会按照分区来报告。尽管分区的区域单元质心坐标已知,单个人口点的坐标却是未知的。在这里,一个含有 s 个分区,每个分区的人口为 n_i 的地区,具有 N 个观测人口的地区中心通过以下公式计算经度 ($\bar{x}$)：

$$\bar{x}=\frac{\sum_{i=1}^{s} n_i x_i}{N}$$

即，对每一个分区人口乘以对应分区经度（使用分区质心）所得到的乘积进行加总，然后通过除以地区总人口 N 来取平均值(Bachi, 1968:107)。中心的纬度通过同样的方式来计算。

加权的质心与区域人口质心类似，只是使用某个关注的变量的量级(magnitude)对每一个人口点质心加权。例如，当数据是量级而非计数(例如，是收入而不是前述的人口)，对分区或者是点的加权就可能有区别地通过变量的量级。有些作者把这些加权的质心称为“重心”，而其他作者在讨论量级数据质心时则假设了加权。对于点数据，简单地用点的经度乘以点的量级，然后对所有点进行加总，接着除以所有点的量级的总和。纬度的计算遵循同样的方法。当数据是按照分区而不是个体的点来报告时，可以通过将分区的量级(如，平均收入)乘以分区人口，再乘以分区的经度，然后通过除以分区人口与分区量级(如，平均收入)的向量积的加总来取平均值。

自然而然地，质心会根据所要测量的对象而改变。例如，在一个迁入人口与迁出人口的研究中，每一个分区都有迁入人口数与迁出人口数，出于比较的目的，我们会分别计算两个变量的地理中心。图形中心分析研究的是质心随着时间的空间变化，而质心可以反映人口、收入以及其他变量。

空间中值（spatial median）。空间中值是在一个地区内到所有分区的区域单元质心的距离最短的那个点（Griffith & Amrhein，1991：122）。这是通过迭代方法计算出来的。假设 U_0 和 V_0 是最初估计的空间中值坐标，这可能是人口质心的坐标。然后对于 t 次试验，U 坐标通过以下公式被重新估计，直到额外增加的一次试验并不会与前一次的结果产生显著的差异：

$$U_t = \left\{ \sum_{i=1}^{n} f_i x_i / [(x_i - U_{t-1})^2 + (y_i - V_{t-1})^2]^{\frac{1}{2}} \right\} \Big/ \left\{ \sum_{i=1}^{n} f_i / [(x_i - U_{t-1})^2 + (y_i - V_{t-1})^2]^{\frac{1}{2}} \right\}$$

在这个公式中，f_i 代表频率或者是第 i 个分区的人口。空间中值的 V 坐标以同样的方式进行计算，除了公式中第一个加总符号外，后面的首项是 $f_i y_i$ 而不是 $f_i x_i$。

标准距离（standard distance）。标准距离测量的是表面上点之间的平均距离，更确切地说是关于区域人口质心（空间中值）的点的离差。因此，标准距离可以被用来绘制关于空间中值的等高线。计算点之间的平均距离可以像计算均值、中值、众数那样，又或者如计算平均二次距离（距离平方的均方差）那样。相比之下，标准距离的计算可以通过对表面上所有点的经度和纬度计算方差总和并取平方根来实现。其计算公式如下：

$$d = \sqrt{\left[\sum_{i=1}^{n} f_i(x_i - \bar{x})^2 \Big/ \sum_{i=1}^{n} f_i\right] - \left[\sum_{i=1}^{n} f_i(y_i - \bar{y})^2 \Big/ \sum_{i=1}^{n} f_i\right]}$$

在这个公式中，f_i 代表频率或者是这个地区所有 n 个单元中第 i 个分区的人口数。x_i 和 y_i 是数据的经度和纬度。位于平方根号下方括号里面的两项是经度和纬度的有偏样本方差总和(Bachi，1968:107；Griffith & Amrhein，1991:123)。对于大样本,这个偏误就无关紧要。对于较小的样本，计算的时候应该在每一个方括号项目中的分母用 $(f_i - 1)$ 替代 f_i。标准距离用来比较一个表面上不同现象的离差,正如比较一个领土范围内不同族群的散布程度(参见 Bachi，1968)。

邻近度量(proximity pattern measure)。最常见的邻近度量可能是到最近邻居的平均距离,表示为 R(参见 Rogers，1974:8—10)。对于一个指定点,其最近邻居的距离就是到本地区另外一个最接近点的距离。然而,在应用到本地区所有点的集合时,最近邻统计量常常具有一个不同的含义。对于汇总的目的,R 是通过以下公式计算：

$$R = 2\bar{d}\ \sqrt{(n/a)}$$

公式中，$\bar{d}$ 就是每一个点到其最接近邻居的平均距离,n 是本地区的点数目,a 是本地区的面积。R 的变化从 0——

当所有点都是在本地区的同一个位置时，到 1——当所有点都是随机分布在这个地区时。当这些点是以非随机的方式均匀地分布在这个地区，使得点与点之间的距离最大化时，那么 R 将会趋近于 2。因此，最近邻统计可以用于点模式分析来评估数据的扩散程度，0 表示聚集(clustering)，2 表示均匀间隔(uniform spacing)，而 1 表示无固定模式(lack of pattern)。

Dacey(1968)已经演示了在美国城镇的数据中，最接近的较大相邻数据服从伽马分布，因此这可能是在拟合优度检验中的恰当假设。如果平均最邻近距离被解释为聚集的度量，异常的数据分布可能会导致曲解，就如那些紧凑地两两成对的点一样，这些配对点随机地分布在这个区域。在这种情况下，平均最近邻距离将会接近于 0，但是散布程度却是相当大的。同样，R 反映了边界的位置以及点的模式。对于同样模式的点，当围绕这些点集的地区变得非常大时，R 将会向 0 趋近。由于这样的问题，有时使用另外一种邻近度量的方法可能是合适的，如点之间的平均距离或者到某个固定点(如，要素质点)的平均距离。[11]

平均间隔度量是现象之间的平均距离。其计算方法是 1.074 6 乘以某个数值的平方根，该数值是通过面积单元除以现象的数目而得。距离将会表述为以面积单位度量的线性单元。即，如果在一个 1 000 平方英里面积的区域里有 10 个医生，那么医生的平均间隔将会是 1.074 6 乘以

(1 000/10)的平方根,得到的结果是 10.746 英里。

有很多其他的邻近度量可以用于把点分组到区域。Leung(1988: chap. 3)回顾基于相似度、距离和不对称空间关系的概念来分组的替代方法。邻近搜索算法的详细介绍可参见 Samet(1990)。

点区位(point potential)。空间扩散的重力模型可追溯到拉文斯坦(Ravenstein, 1885—1889/1976)世纪之交的作品《迁移法则》(*The Laws of Migration*)。[12] 其基于这样一个理论:位置之间的交易是与位置 (1, …, n) 的大小或者质量(M)的乘积成正比,与它们之间距离(d)的指数(x)成反比。正如天文学家斯图瓦特(J. Q. Stewart)所定义的,一个表面上特定点的区位定义如下:

$$P_i = \sum_{j=1}^{n} (M_j / d_{ij}^x)$$

即,在任意给定表面上点 i 的区位是:首先分别计算 i 以外每一个点 j 的质量 M 除以点 i 和点 j 之间距离的 x 次方,然后对 1 到 n 个点取总和。当 x 是 1 时,每一个观测对总区位的贡献就是该观测点与其他点之间距离的倒数。对于一个指定的点与另外一个点,当 x 等于 1,区位就是在指定的点上的人数除以指定的点与相对应的点之间的距离。

在一个表面上所有点的平均区位是对重力模型中的扩散可能性的测量。交互(interactance, I)与扩散的定义不一致，但却是一个替代的测量方法，其基于两个点的人口规模和人均活动(参见 Mackay, 1968)。尽管重力模型过于简单，但其提供了“预期扩散”(expected diffusion)的一个有用基准，以此来比较观测到的扩散。当区域密度数据不可获得时，一个点的区位已经显示了其作为围绕该点的区域密度的一个好的估计(Stewart & Warntz, 1968:139)。

注意每一个点的区位可能通过等值线连接起来，以此展示等势邻接(equipotential propinquity)的区域，并且照此形成一幅密度地图(参见 Stewart & Warntz, 1968:137)。如果质量(公式中的 M)不是人口数而是一个变量，如对总统的外交政策持正面评价的人数，那么等值线地图就变成了一幅政治活动的地图。

断点测量(breakpoint measure)。汇总统计同样被设计来测量两个具有社会特征的断点。例如，雷利(Reilly)的市场法则基于规模和空间距离界定了位于具有双中心的贸易区之间的断点(Selkirk, 1982:96—98)。这被用来确定“吸力圆圈”、“影响范围”，或者“偏好区域”。奥凯利和米勒(O' Kelly & Miller, 1989)已经利用概率等高线制图和数值积分创建了这样的模型。这些方法可应用到用于描述和预测的社会交互模型。

面积对应(areal correspondence)。面积对应系数就是对两种面积的重合范围的衡量。例如，可能有一幅等值线地图显示了某个水平的教育投资所覆盖的面积，而另外一

幅地图显示了某个水平的农业就业比重所覆盖的面积。面积对应系数就是两种现象联合覆盖的面积,其表示为被两种现象所覆盖的总面积的百分比。

网络测量(network measure)。一个网络是由一系列的点(P_1, …, P_n),通过路径(path)连接起来。任意两个点之间的距离就是连接它们的最短路径的长度。一个点的关联数就是从这个点到任意其他点的最大步数(如,点到点的路径数目)。网络的中心点或者中心位置就是具有最小关联数的点。例如,关联数是1,意味着从一个点到达其他所有的点都只需要一个步数。一个网络的直径是最大关联数。

在一个网络中连接 m 个点的最大路线(route)数(L^*)是 $L^*=m(m-1)/2$。一个网络的连接度(degree of connectivity)是 L^*/r,其中 r 是观察到的路线数。连接度在最小值[定义为 $L^*/(m-1)$] 和最大值(1.0)之间变化(参见 Garrison, 1968:243)。然而,我们可能更愿意选择观察到的路线数作为最大值(L^*)的百分比来衡量连接度。

网络中的离差(dispersion)是指所有点与点之间距离的总和,包括从B到A的距离以及从A到B的距离。网络中的一个点的可达性(accessibility)是该点到所有其他点距离的总和(Shimbel, 1953)。

网络密度(network density)指的是基于交叉和路径数目的方法。首先,网格是叠加在地图上的。在每一个网格单元,交叉就是显示网络中道路或者其他路径相交的点。最小的交叉有三条路径:进入这个点的第一条路径;离开这个点的第一条路径;从这个点出来的路径。把数值1分配到这个最小的交叉;把2分配到两条路线相交的交叉;把3分配到位于发散出五条路线的点上的交叉,等等。对于网格中的每一个单元,计算交叉的总和。以密度等高线连接交叉值在相同范围内的单元,利用这种方法,在交通或者其他网络的分析中,网络密度就可以成为等值线地图的基础。

连通性的α指数衡量了一个网络的完备性(completeness),它是作为完整回路的百分比(Selkirk, 1982:164—166)。圈数(cyclomatic number)μ是一个区域中完整回路的数目。一个完整的回路是指连接四个或者更多点的一组三条或者更多路径集,其中第一个点和最后一个点处于同一个位置,这样一个区域就是封闭的。假设在一个最小含有三个点的网络,其观测到的回路数目——被称为圈数——可以由欧拉公式来计算:

$$\mu = r - 1 = e - v + p$$

其中,r是一个区域被回路所划分的子区域的数目(注意处于网络外部的区域同样被视为子区域:一个由从点A到点B的路径所等分的圆周具有三个子区域——两个半圆和位于圆周外部的区域),e是边数(点到点的路径),v是顶点数目(点的数目),p 是一个区域中非连通网络的数目(通常为 1;非连通网络的数目被称为子图数)。

假设一个图形里面没有重复的边(即,两个连接点之间有不止一条路径的情况不存在)。在平面图形——网络存在于一个水平面,绘制边使得子区域的数目最大化的同时没有任何的边会穿越另外一条。对于平面网络,子区域的最大数目将会是 $2v-4$。因为回路的数目等于子区域的数目减去 1(因为外部区域的子区域不是一个回路),回路的最大数目是 $2v-5$。于是,连通性的 α 指数是 $\alpha=\mu/(2v-5)$。α 是观察到的完整回路与最大可能回路的比率。

然而,注意到对于非平面网络,回路的最大数目远远更多,因为所有的顶点都可能不受线穿越约束(line-crossing constraint)而被连接。在这个例子中,$\alpha=\mu/[0.5(v-1)(v-2)]$。此外,还有一个替代的连通性指数 β,其公式对于平面和非平面网络是相同的:$\beta=e/v$。边与顶点的比率比前述公式更容易计算,但是作为连通性的测量,其意思不如前述公式直观,因而较少被选用。

网络路径可以用矩阵形式展示。方阵(square matrix)具有与网络中的地点(place)一样多的行和列。如果存在一条从一个指定地点到另外一个指定地点的直接路径(不经过其他点),那么矩阵中的项(entry)设置为 1,否则为 0。对角线反映了从一个指定点到其自身的路径是不适用的,由0组成。一个除了对角线以外的所有项都是1的矩阵反映了一个网络具有最大的连通性(最大路径数)。一个矩阵在紧邻对角线的两侧中任意一侧是1,而在其他地方为0,反映了一个网络具有最小的连通性(连接所有点的一条直线)。

通过矩阵算法,把一个网络矩阵**X**增加到n次方来计算:经由n个步骤,有多少种方法可以从一个指定点到达另外一个指定点。即,项x_{ij}展示了有多少种方法可以使得某人通过n个步骤就可以从i点到达j点。当我们对1个步骤,2个步骤,3个步骤等等计算该结果,直到第n个矩阵没有0,那么第n个矩阵就是解矩阵。矩阵**T**——所有这些从1到n个步骤的矩阵总和,反映了一个网络中的连接度。**T**矩阵中行与列的总和是网络中每一个地方的可达性的指示符(Shimbel, 1953)。对于更多关于矩阵、网络和路径问题的文献,参看Selkirk(1982: chap. 27—30)以及Wilson & Kirkby(1980: chap. 4)。

样方分析(quadrat analysis)。样方分析起源于20世纪50年代早期的农业科学(Greig-Smith, 1952),使用这种方法时,一块区域被划分成具有相同大小的单元(cell)网格,这些具有相同大小的单元称为样方。然后对每个样方里面那些观测的分布分析其随机变化。样方分析常常使用泊松分布(Poisson distribution),该分布经常在研究不常见事件时作为一种数据假设(如,在一块主要都是健康植

物的田地里的植物病害)。在每一个样方里面计算观测的均值和方差。

因为在随机分布的情况下,泊松分布的方差等于其均值,如果研究对象是在区域上随机分布的,变化系数(CV,方差—均值的比率)将会等于1。在方差除以均值的比率大于1的这种程度上,研究对象就是聚集的。而在比率是小于1的这种程度上,该分布就是更倾向于常规的离散而不是预期的随机分布(Rogers, 1974:6)。方差—均值比率与1的差异具有[$2/(N-1)$]的平方根的标准误差,其中N是观测数目。使用一个t检验连同这个标准误差,自由度的数目是$N-1$。或者可以应用χ^2拟合优度检验来比较实际观测和泊松分布假设下的预期数(Rogers, 1974:7—8)。正如罗杰斯(Rogers, 1974)所展示的那样,拟合优度方法能够使用各种分布假设来决定哪一个能为数据提供最优拟合。例如,在他的零售业研究中,罗杰斯发现负二项分布提供了最满意的拟合(Rogers, 1974:92)。当然,同一个观察到的散布模式可能被不止一个潜在的概率分布来拟合。

样方分析受到所用网格大小的影响。一个基本的经验法则是设定网格的间隔宽度在一个值——对面积的2倍除以n并取平方根,其中n是所有观测数。样方分析同样受网格所在位置的中心点和网格的原点所影响(在统计上,这些应该被随机地设置)。最后,样方分析受到观测的密度所影响。出于这些原因，样方分析适合于研究散布，而不是模式。IDRISI是统计模块支持样方分析的一个软件示例。

空间自相关（spatial autocorrelation）。空间自相关是传统相关分析在地理统计学上的扩展，定义为测量一个平面上的区域分布数据之间的相互依赖程度（参见 Bennett，1979：36，490—493；Griffith & Amrhein，1991：133—134）。之所以成为自相关是因为这里处理的是单个变量的数值之间由于地理安排而发生的相互关系，而皮尔逊相关（Pearsonian correlation）处理的是两个变量的成对数值之间的相关关系。当空间自相关系数是0，研究对象的值在地理上是随机分布的。当空间自相关系数接近于1，类似的值趋向于在同一个位置聚集。当空间自相关系数接近－1，不同的数值趋向于在同一个位置聚集。

计算空间自相关系数的第一步是构建一个配置表。这个表格里面的行和列对应区域被划分的部分。如果行与列的部分拥有一条共同的地理边界，那么配置表格里面的单元格项登记为1，反之则是0。（还有更为复杂的改进算法——反映两部分在多大程度上拥有一条共同的边界。）这个配置表格的大小是$n \times n$，n^2个单元格，可以标记为c_{ij}，其中i代表单元格的行，而j代表列。在主对角线上的所有单元格（即$i=j$）输入为0。

构建配置表后的步骤视数据层次而异。对于定类数据，应用联合统计，而对于定距数据则使用 Moran 系数或者 Geary 比率。如果指定变量在该部分是存在的，联合比率统计要求该部分编码为 1，反之则是 0。在一个棋盘游戏的类比中，白色方格表示变量的存在(1)，而黑色方格表示变量缺失(0)，设定 WW 等于相邻部分(例如，在配置表的一个三角形成对编码为 1——使得另外一个三角形不会被重复计数 A-B 和 B-A 边界)且变量编码均为 1 的数目；设定 BB=相邻部分变量编码均为 0 的数目；设定 BW 等于相邻部分变量编码不同的数目。W、B、BW 是观察到的空间自相关统计，同样称为联合统计(joint count statistic)。

空间自相关的下一步是计算 WW、BB 和 BW 的预期值。期望值是指当不存在空间自相关时所期望的数值。设 J = WW + BB + BW，这是相邻部分的配对数目的总和，而相邻部分的配对数目就是进入配置表的一个三角形中的 1 的总和。设 n_1 等于变量的编码为 1 的部分的数目，n_2 等于编码为 0 的数目。然后，期望值的计算如下(Griffith & Amrhein, 1991:136)：

$$\mathrm{E(WW)} = Jn_1(n_1 - 1)/[n(n-1)]$$

$$\mathrm{E(BB)} = Jn_2(n_2 - 1)/[n(n-1)]$$

$$\mathrm{E(BW)} = 2Jn_1n_2/[n(n-1)]$$

注意，E(BW)乘以 2，这是因为 W 包括 0-1 也包括 1-0 变量编码。WW、BB 和 BW 所观察到的空间自相关统计可以与它们对应的期望值相比较。观察到的值与期望值越接近，变量的空间分布在地理上是随机的结论就越强。

对于定距数据，可以使用 Moran 系数(MC)或者 Geary 比率(GR)作为空间自相关的衡量。对于并列部分的配对，基于变量均值的偏差的交叉乘积，MC 具有以下公式：

$$\mathrm{MC}=\left(n/\sum_{i=1}^{n}\sum_{j=1}^{n}c_{ij}\right)\left[\sum_{i=1}^{n}\sum_{j=1}^{n}c_{ij}(x_i-\bar{x})(x_j-\bar{x})/\sum_{i=1}^{n}(x_i-\bar{x})^2\right]$$

在这个公式中，c_{ij} 是配置表中的项，x_i 和 x_j 是对于 i 和 j 并列地区部分的变量所观测到的值。MC 是通过与皮尔逊的 r 类似的方法计算得到的，MC 值从 -1 到 $+1$ 变化，也有例外。$+1$ 意味着类似的值聚集，-1 意味着不相似的值趋于聚集；0 表明了数值在空间上随机地分散。

Geary 比率是基于连接部分的数值的成对比较。公式如下：

$$\mathrm{GR}=\left((n-1)/2\sum_{j=1}^{n}\sum_{i=1}^{n}c_{ij}\right)\left[\sum_{j=1}^{n}\sum_{i=1}^{n}c_{ij}(x_i-x_j)^2/\sum_{i=1}^{n}(x_i-\bar{x})^2\right]$$

GR 取值从 0 到 2，也有例外。当相似值趋于聚集时，GR 为 0；当不相似值聚集时，GR 为 2；当数值是随机散布时，GR 为 1。因此随着 GR 上升，MC 将下降。因为公式之间的差异，这两个测量并不总是可以互换的逆运算。

空间自回归(spatial autoregression)是在一个回归模型中使用因变量的时间滞后作为自变量的一个扩展(Bennett, 1979:40—41, 153—154)。IDRISI 是软件的一个示例,其中的统计模块基于 Moran 的 *I* 统计来执行单个和多个滞后自回归。这个版本对于间隔尺度数据是首选;有多个版本可以使用(Cliff, 1973; Cliff & Ord, 1975; Moran, 1950)。

自相关用于地区抽样方法的选择。当地理空间自相关随着距离单调下降,系统(间隔)抽样是有效的。当自回归函数的形式是未知的,则建议使用分层随机区域抽样(Berry & Baker, 1968:98)。此外,时空交叉相关结合了时间滞后和空间滞后,以此把自相关和自回归方法应用到扩散问题的研究,如同在流行病学那样(参见 Bennett, 1979: 490—499)。

趋势面分析(trend surface analysis)。趋势面制图是多元回归的一个扩展,其尝试使用各种函数来对等值线地图进行建模。在普通等值线地图中控制点被用来绘制等高线,而趋势面分析则是为了简化演示而尝试创建更为复杂的模型来突出趋势。一个简单的例子是使用控制点集的移动平均而不是个体点数据来使得等值线变得平滑。另外一个简单的例子是 Mather(1991:93—97)描述的,在线性回归中使用经度和纬度坐标作为自变量来预测一个因变量(如,污染水平)。这样预测就是与因变量的分类范围

有关，并被绘制出来以显示等值模式(isometric pattern)。

更为复杂的二次方程式(参见 Mather, 1991:97—98)、三次方以及四次转换能够创建对应更为复杂表面的平滑效果(Chorley & Hagget, 1968)。由一个圆顶或者波谷表征的等值模式(isarithmic pattern)可以通过一个二阶趋势表面来建模，在其中回归模型除了区域单元质心的 x 和 y 坐标及截距(常数项)以外，还有 x^2，xy 和 y^2 项。三阶趋势表面通过运用各自包含拐点的山峰和山谷构建等值模型，其回归模型包括二阶回归模型的所有项，以及 x^3、x^2y、xy^2 和 y^3。而关于波状面的四阶或者更高阶模型则较少在文献中出现。

通过把数据转换为标准的 z 值，可以在趋势面分析中降低多元共线性。其他转换，如傅里叶变化(Fourier transform)适合于平滑表面并估计哪里的表面呈现循环、波状起伏或者其他噪音(Harbaugh & Preston, 1968)。类似其他形式使用等值的分析，趋势面分析的一个假设是在研究问题中该变量的空间分布是沿着区域连续的。此外，趋势面制图假设一个不相关的坐标系统，但是当质心坐标被用来作为预测变量时，就违反了这个假设，尤其是当质心不是位于规则网格模式中的时候。IDRISI 的统计模块支持三阶趋势面公式。趋势面模型的简介，参见 Griffith & Amrhein(1991: chap. 15)。

细分(tessellation)。尽管其本身并不是统计分析，细分奠定了相关的基础。细分是将一个平面划分成可分割整体的单元。即，出于空间分析的需要，细分把一个区域分成一组任意的子区域。当分析一个不是被公认为自然的或者社会的内部边界所划分的大表面时，细分就尤其合适。方形单元(square cell)是最常见的，但是一些模型使用三角形、六边形以及其他多边形。例如，在考古学中制定挖掘计划时，就要用到细分。将一个网格放置在一个区域上就是细分的一种形式，尽管细分方法可以远远比这种技术更为复杂，尤其是在三维物体的分析中。[13] 例如，Dirichlet 细分法把一个区域再细分，使得该区域中的每一个点与一个多边形关联，该多边形定义了一个区块使其比任何其他区块都要接近那个点。在生态学研究中，Dirichlet 细分被用来在一个群体中对单个点(如，一棵树)建立"潜在可用的区域"(area potentially available)。细分的进一步数学方法是处理边缘效应(edge effect)，若要从分析中排除被那些位于制图研究区域以外的个体所潜在影响的所有多边形，这就显得合乎需求了(Kenkel, Hoskins & Hoskins, 1989)。对于更多用于描述评估替代方法的方案和质量度量的细分最优化，参见 Taylor(1986)。IDRISI 的统计模块是支持形状分析和 Thiessen 细分的示例软件。

地理图形与绘图

社会科学中通用的许多统计通常也可用于与制图相关的统计。例如,可以对控制点是城镇的数值使用回归残差,然后绘制一幅等值线地图来显示因变量中未被解释的变异所在的区域(参见 Haggett, 1968:323; Thomas, 1968)。关于相关与回归,参见 Robbinson, Lindberg & Brinkman(1968)。关于因子分析,参见 Wong(1968)。把传统的统计技术应用到制图,参见 Dickinson(1963)。

线、区域、散点图、条形图以及饼图是多种分析地理数据的方法中的一部分。虽然这也可以通过使用像电子表格那样的普通软件来完成,因为其中并不涉及真正的地图,但这些绘图方法内嵌在很多 GIS 软件中(如,MapInfo 和 Windows 版本的 MapInfo)。即便是剪贴画绘图软件,如 MapArt,也为了显示效果而允许把条形图粘贴到对应的地图区域。图 4.8 说明了使用普通的线和条形图显示的地理数据。所使用的数据是按州计算的每 1 千万人口的犯罪率和失业百分比。

图 4.8 中的地理单元是按照犯罪率排序的州,它们也可以是按照人口排序的城市,也可以是按照非白种人的百分比排序的人口普查小区。这种形式的分析图形是如此基础,以至于几乎不需要提及,但我们在这里说明是因为

社会科学家倾向于将常见的图形等同于单独使用的数值变量。

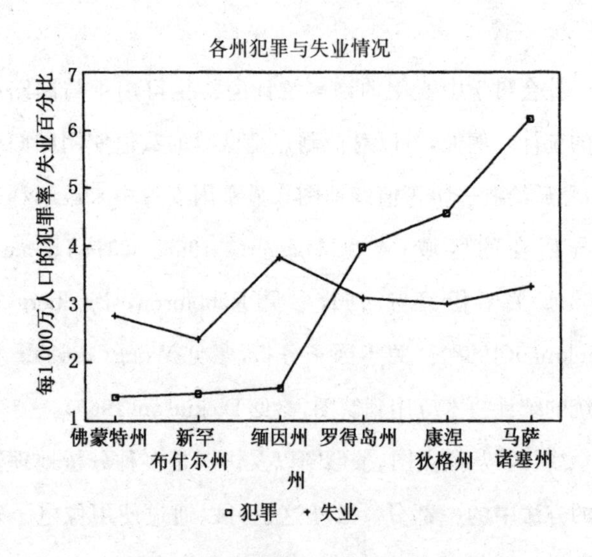

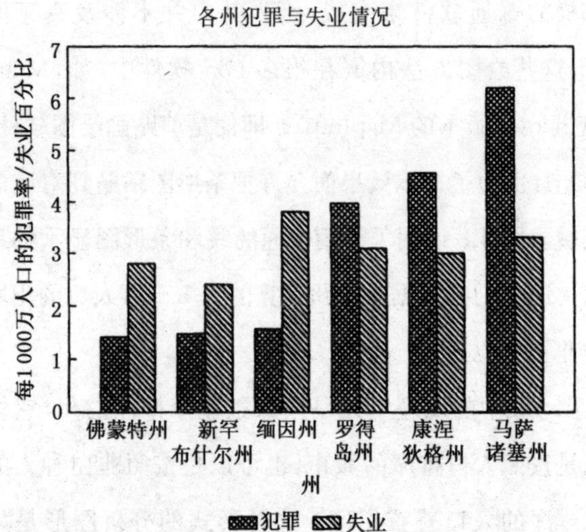

图 4.8 基于地理的普通图形

地理图形仅是众多将地理相关数据用于传统统计分析的应用中的一个例子(更多图像展示,参见 Cleveland & McGill, 1988; Holmes, 1984; Meilach, 1990; Robertson, 1988; Sutton, 1988; Tufte, 1983; Zelazny, 1985)。其他例子包括诸如以下的软件:用于经济基础(economic base)和偏移份额分析(shift share analysis)的经济分析系统(Economic Analysis System, Essential Solutions,密苏里州斯普林菲尔德),来自阿克伦大学的社区分析与规划项目(Community Analysis and Planning Programs)(参见 Klosterman, 1989),以及用于人口普查 CBP 数据分析的县商业模式分析(County Business Patterns Analysis)(National Collegiate Software,北卡罗来纳州达勒姆杜克大学出版社)。

自定义分析

有些 GIS 软件包含内置的程序语言,使得用户可以超越标准的分析功能。例如,MapInfo 包含 MapCode 程序语言,这是一个宏语言。宏语言允许用户将一系列的命令记录为批文件,然后同时执行这些命令。例如,一个宏可能被创建来自动地选择那些满足一定邻近标准的数据点,然后在一幅地图上以一定的比例和地图叠加来显示这些点,而所有这些都是通过一个新的用户定义菜单项或者特殊按键(如,Alt或者功能键)来激活。MapCode同样允许调用外部应用,如自动地将地图输出进行传真。同样地,Atlas*GIS支持ATLAS*SCRIPT可选模块来创建自定义的应用。GisPlus是一个微型计算机的GIS软件,因其在创建自定义应用的灵活性方面而出名。

第5章

展　示

第1节 | 输出

很多打印机支持控制语言，使得可以像管理其他图形一样管理地图。例如，HP激光打印机支持PCL语言(Printer Control Language；在LaserJet Ⅲ版本进一步增强)用于输出文本和惠普图形语言(HPGL，Hewlett Packard Graphics Language)用于画线和绘图。

制图软件利用打印机的性能(例如，支持PostScript桌面发布能力)。制图软件的选择的确在很大程度上取决于其安装在什么样的硬件中。为了说明基本的配置，假设有一台Macintosh Ⅱ计算机，其配置了一台PostScript激光打印机和一台用于输入的具有300 dpi (dot per inch，每英寸点数)的扫描仪。虽然基于Macintosh的软件(如，Macintosh版本的ATLAS*Pro)在传统上具有计算机辅助图形演示方面的优势，基于Windows的软件(如，Windows版本的ATLAS*MapMakers、MapInfo)提供了颇具竞争力的替代。

将严肃的数据管理与高质量的演示之间的缺口连接

起来是GIS的一种独特的力量。激光打印机是一种常见且价格上负担得起的工具,可用来为GIS产品创建高质量的专题输出。大部分软件都以HPGL或者PostScript格式支持激光打印输出。工业标准倾向于PostScript,在于其更为清晰的线条和曲线绘制能力。

在GIS环境中,激光打印输出的局限性在于其精度和可支付得起的色彩。鉴于激光打印机提供300 dpi的输出,笔式绘图机(pen plotter)"可以移动描绘大约0.001英寸——比典型的激光引擎精细3倍以上"(Rosch, 1990: 134)。此外,笔式绘图机提供了廉价的色彩,这对清晰地理解复杂的地图图案至关重要。笔式绘图机同样可以利用各种各样的媒体——大小为8.5×11或者11×17英寸。独立的绘图机要求较高的费用,而桌面版能够以媲美激光打印机的价格获得。桌面版应该能满足大多数社会科学应用,但是对于更大格式的输出,很多蓝图和测量服务能够从调制解调器接收常见格式(如,.DXF)的文件来创建大尺寸图形。

桌面发布对很多研究者而言是制图的"底线",那些高质量演示的桌面发布和图形软件如Harvard Graphics均在它们的产品线上认同这一点。Harvard GeoGraphics (Harvard Graphics MapMaker Accessory的衍生)就是一个例子。其提供4个图形库(世界各国、美国的州、美国的县和集合的3位ZIP编码区域),以及扩展的城市点数据库

(60 000 个美国城市,3 000 个世界城市)。等值区域图可以通过把 Harvard GeoGraphics 连接到 Lotus 1-2-3 或者 ASCII 格式的数据来创建。地图支持.SYM、.CHT、.EPS、.HPGL、.CGM 或者.PCX 格式。用户可以使用文字标注、城市图标、标题、符号库图像或者地图图例来自定义地图。地图可以旋转、移动、复制、缩放和编辑。

像 Harvard GeoGraphics 这样的桌面发布和图形软件并不是完整的 GIS 系统,不能支持高级的分析工作。然而,一种可能是把地图从 GIS 软件中导入到如 Harvard GeoGraphics 这样的软件中,然后利用其在文字、图形、阴影以及其在他桌面发布功能的优秀处理能力。很多出版商提供了一系列涵盖多种功能的地图演示软件。例如,Strategic Mapping 的低端产品是 ATLAS*MapMaker,后者支持电子表格数据录入和简单的绘图演示。其中等水平的产品是 Atlas*Pro,支持 Macintosh 或者 MS-DOS。Atlas*Pro 附带一个扩展的数据库管理器,并且拥有扩展的地图界面工具用来自定义设计多种演示地图。Strategic Mapping 的高端产品是 Atlas*GIS,一个具有叠加、地图数字化、空间分析和其他高级功能的桌面地理信息系统。

第 2 节 | 显示

大部分 GIS 软件有着与桌面发布程序和其他应用类似的显示需求,并且有高强度的屏幕绘图操作。作为地图显示的标准,最低要求是具备一个 EGA 或者 VGA 显示器,但是要求也视情况而定。例如,LandTrak 3.44 要求一个附加的黑白文字显示器。另外,对于桌面绘图环境来说,16 和 17 英寸对角线显示器(diagonal monitor)的日益流行和可用性也是值得关注的。整体的系统性能很大程度上将取决于显示的速度。一个数学协处理器(math coprocessor)和一个大容量显卡可以实现 GIS 的大部分功能。

第3节 图形失真

地图的数据易受测量误差(不良数据)、汇总误差(错误地合并数据)和计算误差(错误的计算公式)的影响。正如克洛斯特曼(Klosterman, 1990:180—181)所论述:

> 用于电子表格建模、数据库管理,以及统计分析和预测的易于使用的工具,允许规划专业人员发展模型和准备分析——这曾经是学术和大型区域机构的专属领域。然而,伴随着这些新的功能而来的潜在后果是构建和使用构思不充分、记载不恰当以及计算错误的模型。

有一位作者在其名为《如何用地图撒谎》(*How to Lie With Maps*)的书中已经将这些关切通俗化(Monmonier, 1991)。

建立两个变量之间的地理关联——正如通过叠加两幅地图来显示疾病发生与疾病因素在地理上一致——并不是建立因果关系。即便在地理上是巧合的,该因素可能并没有引发疾病。即地理分析可能为进一步的解释特别地揭示和暗示因果假设,但这并不能替代标准的多元技术(例如,像回归和方差模型分析那样的 MLGH 技术)来解释复杂的因果相互依存关系(参见 Matthews, 1990:217)。

等值区域(choropleth)图和等值线(isopleth)地图可能很容易被曲解,认为在等值区域图上的一个指定要素(区域)里面或者是等值线地图上一条指定等高线中的所有点都是相等的。即当等值区域图被用来展示大小时,这时就可能会产生误解,因为人们倾向于将其与密度混淆。一个100 000 人口的小县城和一个同样是 100 000 人口但面积更大的县,在一幅人口数量的等值区域地图将会被同样的阴影(图案或者颜色)来填充。这可能被某些人认为两个县的人口密度是一样的。相比之下,一个圆形分布图将会在每一个县显示同样大小的圆,但是这个圆在面积较大的县只会在整个区域中占据较小的比例;在等值区域图中,阴影部分在两个县都会占据整个区域(Monmonier, 1991:23)。

正如索撒尔和奥利弗(Southall & Oliver, 1991:147)所指出的,基于等值区域图的相等假设是:"对于海拔高度或者气温而言明显是正确的,但是对于人文领域的数据则不太可能是正确的;例如,我们能够谈论那些无人区的平均收入吗……?"此外,当数据是稀疏的——这在社会科学中很常见,结果就尤其会产生误导。一般而言,缺乏对被展示的人口内在分布的理解，数据就不可能被正确地解释。

同样地，当采用前述章节讨论的地理统计（geostatistics）时有必要使用正确的地图基础。例如，与面积相关的变量，如树木、污染物或者人群，可能会被用来分析基于区域的散布/聚集，但是交通工具必须是基于道路的基础地图而交通信号灯则基于道路交叉口进行分析，而不是基于整个区域（Cole & King，1968:183）。

因为颜色在视觉上更吸引人，其使用频率较广，尽管有分析上的缺陷。当在等值区域图上使用颜色时，应当注意人群中大约有10%是色盲，他们可能不能够区分某些颜色，如绿色和红色。此外，只有少数的颜色分级是容易被人的眼睛所感知的。因此，阴影图案或者数量限定的灰度等级可能更易读。即便是灰度等级，实证研究已经显示了地图用户高估了低值和低估了高值（Jenks & Knos，1961）。

在使用不同大小的符号来显示数值（如，人口大小）的分布地图中，一个逻辑准则是使得符号的面积直接与被描绘的数量成比例。遗憾的是，结果发现人们一直低估了与较大符号相关的数值。因此，一个值得考虑的建议是，增大符号的面积，使其大于按照数值的比例所示的面积。但是，更为重要的是要有一个清晰和容易理解的图例来展示符号与数值的对应。

第6章

结 论

如果一个社会科学专业的研究生将要参加每年在华盛顿举行的由《政府计算机报》(*Government Computer News*)以及其他组织赞助的计算机展览大会,或者是参加城市与区域信息系统协会(Urban and Regional Information System Association)年会,有一些结论就是不言而喻的。首先,地理信息系统形成了一个数十亿美元的产业,而不是模糊不清的方法论上的趣闻。其次,GIS 广泛应用在地方、州以及联邦政府的每一个部门,从刑事司法到环境监管,再到教育。第三,GIS 的前提是其作为政府部门最高决策者的决策支持系统。当我们参加这些会议时,将会发现统计软件供应商的展位,可以肯定的是,这些软件面对 GIS 应用时就会相形见绌。参加这样一个会议,大部分社会科学的研究生会开始探索其研究方法的训练与现实决策之间的关联。

当然,上一个段落过分吹嘘了其观点。读者无需在统计和 GIS 方法中取舍,其实它们之间是互补的。将 GIS 添加到业已繁重的研究方法课程中是很难的,尤其是GIS包含了一个全新的术语和视角,这与多元线性一般假设之类的语言不一样。如同一般的社会实体,社会科学不是通过集成化,而是通过专业化和差异化来处理日益膨胀的知识。然而,我们还是需要全面的知识,这样最起码可以记录工具包里面的所有工具,并且理解每一样能完成什么功能——即便仅仅是精通部分工具。

社会科学与GIS的联系并不必然是单向的。有一种趋势是,GIS变得由业务驱动,并且强调制图是作为视觉辅助而不是一种分析方法。大部分GIS软件忽略了地理统计,如本文所讨论的那些测量,因此社会科学家可以在分析制图技术的改进方面发挥很大的作用。同时,随着专家系统和人工智能日益广泛地被应用到GIS中使得模式识别变得自动化,分析制图领域为社会科学家对传统多变量统计方法的单一依赖提供了令人信服的替代。

附　录

提到的产品*

Arc/Info, Environmental Systems Research, Inc., 380 New York Street, Redlands, CA 92373; (714)793-2853.

Atlas * GIS, Atlas * Pro, and ATLAS * MapMaker, Strategic Mapping, Inc., 4030 Moorpark Avenue, Suite 250, San Jose, CA 95117-1848; (408)985-7400; fax (408)985-0859.

AutoCAD, Autodesk Inc., 2320 Marinship Way, Sausalito, CA 94965; (415)332-2344; (800)443-0100.

Census Windows: TIGER Tools, GeoVision, Inc., 5680 B Peachtree Parkway, Norcross, GA 30092; (404)448-8224; fax (404)447-4565.

Compton's Multimedia Encyclopedia, Encyclopedia Britannica Educational Corp., 310 S. Michigan Avenue, Chicago, IL 60604; (800)554-9862.

Elections, David L. Martin, 727 Wrights Mill Road, Auburn, AL 36830; (205)821-0030(evenings).

Equalizer, National Collegiate Software, Duke University Press. (In 1991, NCS became part of William C. Brown Publishers, Software Division, 2460 Kerper Boulevard, Dubuque, IA 52001.)

FMS/AC (Facilities Mapping System for AutoCAD), Facility Mapping Systems, Inc., 38 Miller Avenue, Suite 11, Mill Valley, CA 94941; (415)381-1750; (800)442-3674.

GEOdisc U. S. Atlas, GeoVision, Inc., 5680 B Peachtree Parkway, Norcross, GA 30092; (404)448-8224; fax (404)447-4565.

---

* 受篇幅所限,此处略去第二部分关于非软件类别的 GIS 资源的附录。如需获取该部分资料,请将一个附上邮资和收件人地址的马尼拉纸信封邮寄到G. David Garson, NCSU Box 8101, Raleigh, NC 27695-8101。

GIS/AMS, GeoVision, Inc., 5680 B Peachtree Parkway, Norcross, GA 30092; (404)448-8224; fax (404)447-4565.

Gis-Plus Geographic Information System, Caliper Corp.

Harvard GeoGraphics, Software Publishing Corp., 1901 Landings Drive, Mountain View, CA 94043; (415)962-8910.

HiJaak, Inset Systems, Brookfield, CT.

IDRISI, c/o J. Ronald Eastman, Graduate School of Geography, Clark University, Worcester, MA 01610; (617)793-7336.

LandTrak, Geo-based Systems, 4800 Six Forks Road, Raleigh, NC 27609; (919)783-8000.

MapAnalyst, National Planning Data Corporation, P.O. Box 610, Ithaca, NY 14851-0610; (800)876-6732; (607)273-8208; fax (607) 273-1266.

MapArt, Micromaps Software, 9 Church Street, P.O. Box 757, Lambertville, NJ 08530; (800)334-4291; (609)397-1611; fax (609)397-5724.

MapInfo and RealTime MapInfo, Mapping Information Systems Corporation, 200 Broadway, Troy, NY 12180; (800)FAST-MAP; (518) 274-8673; fax (518)274-0510.

MAX^{3d} Online Service Communications Software, National Planning Data Corporation, P.O. Box 610, Ithaca, NY 14851-0610; (800)876-6732; (607)273-8208.

PC CAD Interface: TIGER to DXF Conversion Utility, GeoVision, Inc., 5680 B Peachtree Parkway, Norcross, GA 30092; (404)448-8224; fax (404)447-4565.

PC Datagraphics and Mapping, National Collegiate Software, Duke University Press. (In 1991 NCS became part of William C. Brown Publishers, Software Division, 2460 Kerper Boulevard, Dubuque, IA 52001.)

PC Globe, PC Globe Inc., 4700 S. McClintock, Suite 150, Tempe, AZ 85282; (800)255-2789.

PC-Key-Draw, OEDware, P.O. Box 595, Columbia, MD 21045-0595; (301)997-9333.

Roots, Laboratory for Computer Graphics and Spatial Analysis, Graduate School of Design, Harvard University, 48 Quincy Street, Cambridge, MA 02138; (617)495-2526.

SPSS Categories for Conjoint and Correspondence Analysis, SPSS Inc., 444 N. Michigan Avenue, Chicago, IL 60611; (312)329-3300.

Surfer, Golden Software Inc., 807 14th Street, Box 281, Golden, CO 80442; (303)279-1021.

Systat/Sygraph, Systat, Inc., 1800 Sherman Avenue, Evanston, IL 60201; (708)864-5670; fax (708)492-3567.

Time Magazine Compact Almanac, Compact Publishing, 4958 Ashby Street NW, Washington, DC 20007; (202)244-4770.

Tralaine, American Digital Cartography, 715 West Parkway Boulevard, Appleton, WI 54914; (414)733-6678; fax (414)734-3375.

Trimble GPS, TrimbleNavigation, Attn. Ray Hiller, Building 5, Survey and Mapping Division, P.O. Box 3642, Sunnyvale, CA 94088-3642; (800) TRIMBLE.

U.S. Atlas, Software Toolworks Inc., 13557 Ventura Boulevard, One Todworks Plaza, Sherman Oaks, CA 91423; (818)986-4885.

Windows/On the World, GeoVision, Inc., 5680 B Peachtree Parkway, Norcross, GA 30092; (404)448-8224; fax (404)447-4565.

World Atlas, Software Toolworks Inc., 13557 Ventura Boulevard, One Todworks Plaza, Sherman Oaks, CA 91423; (818)986-4885.

World Projection and Mapping System, Social Science Research Facilities Center, University of Minnesota, Minneapolis, MN 55455; (612) 625-8556.

ZIP/Clip, Effective Data Solutions, 28030 Dorothy Drive, Suite 302, Agoura Hills, CA 91301; (800)777-8818; (818)991-3282.

ZipView, distributed by the Bureau of Electronic Publishing; (800)828-4766.

注释

[1] 用于考古学上时间的顺次排序研究通常被后来的客观方法所验证，例如水合作用研究(hydration studies)。参见 Hatch，Michels，Stevenson，Scheetz & Geidel(1990)。

[2] 控制点将会在第3章的数字化地图部分定义和讨论。它们是用来在等值图中连接等高线或者是在分布图中放置符号的坐标。

[3] 有关本专著里面提到如何获取这个目录以及其他有用的资源方面的信息，可以从作者那里获得。将包含收信地址且已附邮资的信封寄到：G. David Garson，College of Humanities and Social Science，106 Caldwell，Hillsborough Street，North Carolina State University，Raleigh，NC 27695。

[4] 全国规划数据公司：P. O. Box 610，Ithaca，NY 14851—0610；(800)876—6732；(608)273—6732。

[5] 美国数字制图有限公司：715 W. Parkway Boulevard，Appleton，WI 54914；(414)733—6678；传真(414)734—3375。在1991年，一幅60平方英里的地图售价为200美元，包括了道路、地形等相关的其他信息。

[6] 用于个人计算机CAD系统的高密度3.5英寸磁盘，其成本在1991年是每张55美元，不包括可选组件，如TIGER街道名称(100美元)，TIGER行政边界(100美元)，TIGER名称和边界(125美元)，等等。同样1：2 MDLG的州地图可以每个州195美元的价格购买。ADC的地址和电话号码可参见注释5。

[7] GVF检验的计算如下：第一，对数列中所有值计算数列均值的方差(SDAM，squared deviations from the array mean)总和；第二，把数列分成若干组后对每一组针对组均值作同样的计算，然后计算组均值的方差(SDCM，squared deviations from the class means)总和。GVF值就是(SDAM－SDCM)/SDAM。通过各种重复来尝试其他分组方法，直到满足GVF值最大化，同时这也就相应地使得SDCM值最小化——该分类使得组内方差最小化。

[8] Lavin & Archer(1984)(内布拉斯加大学)也讨论了BICHOR——用于生成UBC地图的计算机程序。

[9] 我们非常感谢该手稿早期版本的一位匿名审稿人对本段的评论。此外，有理由相信用于图4.5所示的等值线图中控制点的数据可能有

误。例如,博茨瓦纳和安哥拉的1981年数据显示后者的婴儿死亡率超过了前者的两倍,而这幅地图显示了两者是接近的。

[10] 这些地图类型在本章的第一部分已经定义并讨论。等值区域地图——社会科学家最常用的地图种类——显示了世界、国家或者区域被划分成政治单元,并根据与其关联的变量的数量或者比例来绘制颜色或阴影图案。见图4.2。

[11] 要素质点是指一个能够包含要素的最小椭圆的质点。

[12] 这是Ravenstein(1985—1989/1976)的重印。拉文斯坦基于1881不列颠群岛(British Isles)人口普查的数据分析而提出一些数学的"迁移法则"(laws of migration)。对于拉文斯坦早期人口迁移研究和相关的经典著作的回顾,参见Passaris(1989)。对于最近的基于(大部分都赞成)拉文斯坦的原理的著作,参见Arizpe(1989)、Cole(1989)、Dorigo & Tobler(1983)、Hawrylyshyn(1977)、Rootman(1988)、Saunders(1983),以及Wareing(1981)。

[13] 例如,在计算机可视化中,三维圆锥曲线(three dimensional conics)可以被用来接近环境中的实物模型。圆锥曲线(conics)的相交使用了来自计算几何的算法。具体地,轮廓模型(contour model)是通过细分来生成的(参见Srinivasan, 1990)。

参考文献

ANTES, J.R., and CHANG, K.(1990)"An empirical analysis of the design principles for quantitative and qualitative area symbols." *Cartography and Geographic Information Systems* 17(4):271—277.

ARDALAN, N.(1988) "A dynamic archival system(DAS) for the clean-up of Boston harbor." *URISA* 1988 2:97—103.

ARIZPE, L.(1978)"Migrant women and rural economy: Analysis of a migratory cohort to Mexico City, 1940—1970." *America Indigena* 38(2):303—326.

ARMSTRONG, M.P.(1990) "Database integration for knowledge based groundwater quality assessment." *Computers, Environment, and Urban Systems* 14(3):187—201.

ARMSTRONG, M.P., DENSHAM, P.J., and RUSHTON, G.(1986) "Architecture for a microcomputer based spatial decision support system," pp. 120—131, in *Proceedings of the Second International Symposium on Spatial Data Handling*. Williamsville, NY: International Geographical Union.

ARMSTRONG, M.P., RUSHTON, G., HONEY, R., DALZIEL, B., LOLONIS, P., DE, S., and DENSHAM, P.J.(1991) "Decision support for regionalization: A spatial decision support system for regionalizing service delivery systems." *Computers, Environment, and Urban Systems* 15(1—2):37—53.

ASPAAS, H.R., and LAVIN, S.J.(1989) "Legend designs for unclassed, bivariate, choropleth maps." *American Cartographer* 16(4):257—268.

BACHI, R.(1968) "Statistical analysis of geographical series," pp.101—109 in B.J.L. Berry and D.F. Marble(eds.) *Spatial Analysis: A Reader in Statistical Geography*. Englewood Cliffs, NJ: Prentice-Hall.

BECKMANN, M.J., and PUU, T.(1985) *Spatial Economics: Density, Potential, and Flow*. New York: North-Holland.

BECKMANN, M.J., and PUU, T.(1990) *Spatial Structures*. New York: Springer-Verlag.

BENNETT, R.J.(1979) *Spatial Time Series: Analysis—Forecasting—Control*. London: Pion.

BERRY, B.J.L., and BAKER, A.M.(1968) "Geographic sampling," pp.91—100, in B.J.L. Berry and D.F.Marble(eds.) *Spatial Analysis: A Reader in Statistical Geography*. Englewood Cliffs, NJ: Prentice-Hall.

BISHTON, A.(1988) "Designing and using a cartographic extract: Mapping from the TIGER system." *URISA* 1988 2:130—141.

BOSSLER, J.D., FINNIE, T.C., PETCHENIK, B.B., and MUSSELMAN, T.M.(1990) "Spatial data needs: The future of the national mapping program." *Cartography and Geographic Information Systems* 17(3):237—242.

BREWER, C.A.(1989) "The development of process-printed Munsell charts for selecting map colors." *American Cartographer* 16(4): 269—278.

BUNGE, W.(1962) *Theoretical Geography*. Lund, Sweden: C.W.K. Gleerup.

CHANDRA, N., and GORAN, W.(1986) "Steps toward a knowledge-based geographical data analysis system," pp.749—764, in B. Opitz (ed.) *Geographic Information Systems in Government*. Hampton, VA: A. Deepak.

CHANG, K.(1980) "Circle size judgment and map design." *American Cartographer* 7:155—162.

CHORLEY, R.J., and HAGGETT, P.(1968) "Trend-surface mapping in geographical research," pp.195—217, in B.J.L. Berry and D.F. Marble(eds.) *Spatial Analysis: A Reader in Statistical Geography*. Englewood Cliffs, NJ: Prentice-Hall.

CLEVELAND, W.S., and McGILL, M.E.(eds.)(1988) *Dynamic Graphics for Statistics*. Belmont, CA: Wadsworth.

CLIFF, A.D.(1973) *Spatial Autocorrelation*. London: Pion.

CLIFF, A.D., and ORD, J.K.(1975) "The choice of a test for spatial autocorrelation," pp.54—77, in J.C.Davis and M.J.McCullagh(eds.) *Display and Analysis of Spatial Data*. New York: John Wiley.

COLE, J.(1989) "Internal migration in Peru." *Geography Review* 3(1): 25—31.

COLE, J.P., and KING, C.A.M.(1968) *Quantitative Geography*. New York: John Wiley.

COTTER, D.M., and CAMPBELL, R.K.(1987) "Concept for a digital flood hazard data base." *URISA* 1987 2:156—170.

CUFF, D.J., and MATTSON, M.T.(1982) *Thematic Maps: Their Design and Production*. New York: Routledge.

DACEY, M.F.(1968) "A family of density functions for Lösch's measurements on town distribution," pp.168—171, in B.J.L. Berry and D.F. Marble(eds.) *Spatial Analysis: A Reader in Statistical Geography*. Englewood Cliffs, NJ: Prentice-Hall.

DANGERMOND, J.(1989) "A review of digital data commonly available and some of the practical problems of entering them into a GIS," in W.J. Ripple (ed.) *Fundamentals of Geographic Information Systems: A Compendium*. Bethesda, MD: American Society for Photogrammetry and Remote Sensing and the American Congress on Surveying and Mapping.

DARLING, C.B.(1991) "Waiting for distributed database." *DBMS* 4 (10):46—53.

DENSHAM, P.J., and GOODCHILD, M.(1989) "Spatial decision support systems: A research agenda," pp.707—716, in *Proceedings, GIS.LIS'89*. Bethesda, MD: American Congress on Surveying and Mapping.

DENSHAM, P.J., and RUSHTON, G.(1988) "Decision support systems for locational planning," pp.56—90, in R.G. Gollege and H. Timmermans(eds.) *Behavioural Modelling in Geography and Planning*. London: Croom Helm.

DENT, B.D.(1990) *Cartography: Thematic Map Design (2nd ed.)*. Dubuque, IA: William C. Brown.

DICKINSON, G.C.(1963) *Statistical Mapping and the Presentation of Statistics*. London: Edward Arnold.

DIJKSTRA, E.W.(1959) "A note on two problems in connection with graphs." *Numerische Mathematik* 1:269—271.

DORIGO, G., and TOBLER, W.(1983) "Push-pull migration laws." *Annals of the Association of American Geographers* 73(11):1—17.

DUTT, A.K., KENDRICK, F.J., and NASH, T.(1979) "Areal variation in the 1976 presidential vote: A case study of Akron." *Ohio Journal of Science* 79(3):120—125.

FIRESTONE, L. M. (1987) "Geographic processing of census data for earthquake lossrisk assessment in Utah." *URISA* 1987 2:144—155.

FISHER, W.D.(1958) "On grouping for maximum homogeneity." *Journal of the American Statistical Association* 53:789—798.

FITTS, A.M.(1989) "Words of the black belt and beyond: A study of Alabama lexical patterns in the 'Linguistic Atlas of the Gulf States.'" *Dissertation Abstracts International* 50/08-A:2471.

GARRISON, W.L.(1968) "Connectivity of the interstate highway system," in B.J.L. Berry and D.F. Marble(eds.) *Spatial Analysis: A Reader in Statistical Geography*. Englewood Cliffs, NJ: Prentice-Hall.

GELFAND, A. E. (1969) *Seriation of Multivariate Observations Through Similarities (Technical Report TR-146)*. Stanford, CA: Stanford University, Department of Statistics.

GELFAND, A. E. (1971) *Rapid Seriation Methods With Applications (Technical Report TR-179)*. Stanford, CA: Stanford University, Department of Statistics.

GeoForum(1991) "NY county handles redistricting." Vol.7(1):3, 5.

GOODCHILD, M., and GOPAL, S.(1989) *The Accuracy of Spatial Databases*. London: Taylor & Francis.

GREEN, R.(1991) "Army rushes upgraded map system to Gulf." *Government Computer News*(February 18):3.

GREIG-SMITH, P.(1952) "The use of random and contiguous quadrats in the study of the structure of plant communities." *Annals of Botany(London)* 16:293—316.

GRIFFITH, D.A., and AMRHEIN, C.G.(1991) *Statistical Analysis for Geographers*. Englewood Cliffs, NJ: Prentice-Hall.

HÄGERSTRAND, T.(1968) "A Monte Carlo approach to diffusion," pp.368—384, in B.J.L. Berry and D.F. Marble(eds.) *Spatial Analysis: A Reader in Statistical Geography*. Englewood Cliffs, NJ: Prentice-Hall.

HAGGETT, P.(1968) "Regional and local components in the distribution of forested areas in southeast Brazil: A multivariate approach," pp.313—325, in B.J.L. Berry and D.F. Marble(ed.) *Spatial Analysis: A Reader in Statistical Geography*. Englewood Cliffs, NJ: Prentice-Hall.

HARBAUGH, J.W., and PRESTON, F.W.(1968) "Fourier series analysis in geology," pp.218—238, in B.J.L. Berry and D.F. Marble(eds.) *Spatial Analysis: A Reader in Statistical Geography*. Englewood Cliffs, NJ: Prentice-Hall.

HATCH, J.W., MICHELS, J. W., STEVENSON, C.M., SCHEETZ, B.E., and GEIDEL, R.A.(1990) "Hopewell obsidian studies: Behavioral implications of recent sourcing and dating research." *American Antiquity* 55(3):461—480.

HAWRYLYSHYN, O.(1977) "Yugoslav development and rural-urban migration: The evidence of the 1961 census," pp.329—345, in A.A. Brown and E. Neuberger(eds.) *Internal Migration: A Comparative Perspective*. New York: Academic Press.

HILLIER, B.(1989) "The architecture of the urban object." *Ekistics: The Problems and Science of Human Settlements* 56(334):5—17.

HINZE, K.E.(1989) "Reconciling data from different geographic databases." *Social Science Computer Review* 7(3):285—295.

HOLE, F., and SHAW, M.(1967) "Computer analysis of chronological seriation." *Rice University Studies* 53(3):1—166.

HOLMES, N.(1984) *Designer's Guide to Creative Charts and Diagrams*. New York: Watson-Guptil.

JANKOWSKI, P., and NYERGES, T.(1989) "Design considerations for MsPKBS—Map Projection Knowledge-Based System." *American Cartographer* 16(2):85—95.

JENKS, G.F.(1963) "Generalization in statistical mapping." *Annals of the Association of American Geographers* 53:15—26.

JENKS, G.F.(1975) "The evaluation and prediction of visual clustering in maps symbolized with proportional circles," pp. 311—327, in J.C. Davis and M.J. McCullagh(eds.) *Display and Analysis of Spatial Data*. New York: John Wiley.

JENKS, G.F.(1977) *Optimal Data Classification for Choropleth Maps (Occasional Paper 2)*. Lawrence: University of Kansas, Department of Geography.

JENKS, G.F., and KNOS, D.S.(1961) "The use of shading patterns in graded series." *Annals of the Association of American Geographers* 51:316—334.

JOHNSON, G.O.(1987) "Toward an emergency preparedness planning and operations system." *URISA* 1987 2:171—183.

KENKEL, N.C., HOSKINS, J.A., and HOSKINS, W.D.(1989) "Edge effects in the use of area polygons to study competition." *Ecology* 70(1):272—274.

KLOSTERMAN, R.E.(1988) "The literature of computers in planning," pp.9—14, in R.E. Klosterman(ed.) *A Planner's Review of PC Software and Technology*(*Planning Advisory Report 414/415*). Chicago: American Planning Association.

KLOSTERMAN, R.E.(1989) *Community Analysis and Planning Programs User Guide*. Akron, OH: University of Akron, Center for Urban Studies.

KLOSTERMAN, R.E.(1990) "Microcomputers in urban and regional planning: Lessons from the past, directions for the future." *Computers, Environment, and Urban Systems* 14(3):177—185.

KUMMLER, M.P., and GROOP, R.E.(1990) "Continuous-tone mapping of smooth surfaces." *Cartography and Geographic Information Systems* 17(4):279—289.

LANGRAN, G.(1990) "Tracing temporal information in an automated nautical charting system." *Cartography and Geographic Information Systems* 17(4):291—299.

LARSON, D.O., and MICHAELSEN, J.(1990) "Impacts of climatic variability and population growth on Virgin Branch Anasazi cultural developments." *American Antiquity* 55(2):227—250.

LAVIN, S., and ARCHER, J.C.(1984) "Computer-produced unclassed bivariate choropleth maps." *American Cartographer* 11(1):49—57.

LEE, J., and DOUGLASS, J.M.(1988) "Utilizing geographic information systems to assist in a municipality's effort to preserve clean water." *URISA* 1988 2:88—96.

LEUNG, Y.(1988) *Spatial Analysis and Planning Under Imprecision*. New York: North-Holland.

MACKAY, J.R.(1949) "Dotting the dot map." *Surveying and Mapping*

9(1):3—10.

MACKAY, J.R.(1968) "The interactance hypothesis and boundaries in Canada: A preliminary study," pp.122—129, in B.J.L. Berry and D. F. Marble(eds.) *Spatial Analysis: A Reader in Statistical Geography*. Englewood Cliffs, NJ: Prentice-Hall.

MAK, K., and COULSON, M.R.C.(1991) "Map-user response to computer-generated choropleth maps: Comparative experiments in classification and symbolization." *Cartography and Geographic Information Systems* 18(2):109—124.

MALING, D.H.(1973) *Coordinate Systems and Map Projections*. London: George Philip.

MALTZ, M.D., GORDON, A.C., and FRIEDMAN, W.(1991) *Mapping Crime in Its Community Setting: Event Geography Analysis*. New York: Springer-Verlag.

MANDELL, R.(1991). "Global mapping/geographical reference software for the political and social sciences." *Social Science Computer Review* 9(4):558—574.

MARX, R.W.(ed.)(1990) *The Census Bureau's TIGER System(special issue)*. Cartography and Geographic Information Systems 17(1).

MATHER, P. M. (1991) *Computer Applications in Geography*. New York: John Wiley.

MATSON, J.(1985) "Applying the SYMAP algorithm for surface compatibility and comparative analysis of areal data." *American Cartographer* 12(2):114—122.

MATTHEWS, S. A. (1990) "Epidemiology using a GIS: The need for caution." *Computers, Environment, and Urban Systems* 14(3): 213—221.

McCULLOUGH, M. F.(1991) "Democratic questions for the computer age."*Computers in Human Services* 8(1):9—18.

McDONNELL, P.W., Jr.(1979) *Introduction to Map Projections*. New York: Marcel Dekker.

McGRANAGHAN, M.(1989) "Ordering choropleth map symbols: The effect of background." *American Cartographer* 16(2):279—285.

MEILACH, D.Z.(1990) *Dynamics of Presentation Graphics(2nd ed.)*、 Homewood, IL: Dow Jones-Irwin.

MILLER, J.C., and HONSAKER, J.L.(1983) "Visual versus computerized seriation: The implications for automated map generalization," pp.277—287, in B.S. Wellar(ed.) *Proceedings of the 6th International Symposium on Automated Cartography, Vol.2: Automated Cartography—International Perspectives on Achievements and Challenges*. Edmonton: University of Alberta, Department of Geography.

MOELLERING, H. (ed.) (1991a) Analytical Cartography (symposium issue). *Cartography and Geographic Information Systems* 18(1): 1—78.

MOELLERING, H.(1991b) "Whither analytic cartography?" *Cartography and Geographic Information Systems* 18(1):7—9.

MONMONIER, M.S. (1982) *Computer-Assisted Cartography: Principles and Prospects*. Englewood Cliffs, NJ: Prentice-Hall.

MONMONIER, M.S.(1991) *How to Lie With Maps*: Chicago: University of Chicago Press.

MORAN, P.A.P.(1950) "Notes on continuous stochastic phenomena." *Biometrika* 37:17—23.

NEWCOMER, J.A., and SZAJGIN, J.(1984) "Accumulation of thematic map errors in digital overlay analysis." *American Cartographer* 11 (1):58—62.

NYERGES, T.L.(1991) "Analytical map use." *Cartography and Geographic Information Systems* 18(1):11—22.

NYERGES, T.L., and JANKOWSKI, P.(1989) "A knowledge base for map projection selection." *American Cartographer* 16(1):29—38.

O'KELLY, M.E., and MILLER, H.J.(1989) "A synthesis of some market area delimitation models." *Growth and Change* 20(3):14—33.

OMURA, G. (1989) *Mastering AutoCAD (3rd ed.)*. Alameda, CA: Sybex.

PARENT, P., and CHURCH, R.(1989) "Evolution of geographic information systems as decision making tools," pp.9—18, in W.J. Ripple (ed.) *Fundamentals of Geographic Information Systems: A Compendium*. Bethesda, MD: American Society for Photogrammetry and Remote Sensing and the American Congress on Surveying and Mapping.

PASLAWSKI, J.(1984) "In search of a general idea of class selection for choropleth maps." *International Yearbook of Cartography* 24:159—169.

PASSARIS, C.(1989) "Immigration and the evolution of economic theory." *International Migration* 27(4):525—542.

PETERSON, M.P.(1979) "An evaluation of unclassed cross-line choropleth mapping." *American Cartographer* 6:21—37.

PROVIN, R. W.(1977) "The perception of numerousness on dot maps." *American Cartographer* 4:111—125.

RAISZ, E. (1935) "Rectangular statistical cartograms of the world." *Journal of Geography* 35:8—10.

RAVENSTEIN, E.G.(1976) *The Laws of Migration*. New York: Arno. (Original work published in two parts, 1885 and 1889)

RICE, G. H.(1990) "Teaching students to become discriminating map users." *Social Education* 54(6):393—397.

RICHARDSON, P., and ADLER, R.K.(1972), *Map Projections*. Amsterdam: North-Holland.

RIPPLE, W.J. (ed.)(1989) *Fundamentals of Geographic Information Systems: A Compendium*. Bethesda, MD: American Society for Photogrammetry and Remote Sensing and the American Congress on Surveying and Mapping.

ROBB, D.W.(1990) "Netting crooks easier with micro center guidance." *Government Computer News* (February 5):15.

ROBERTSON, B.(1988) *How to Draw Charts and Diagrams*. Cincinnati, OH: North Light.

ROBINSON, A.H., LINDBERG, J.B., and BRINKMAN, L. W.(1968) "A correlation and regression analysis applied to rural farm population densities in the Great Plains," pp.290—300, in B.J.L. Berry and D.F. Marble(ed.) *Spatial Analysis: A Reader in Statistical Geography*. Englewood Cliffs, NJ: Prentice-Hall.

ROBINSON, A. H., SALE, R. D., MORRISON, J. L., and MUEHRCKE, P. C. (1984) *Elements of Cartography (5th ed.)*. New York: John Wiley.

ROESSAL, J.W. VAN(1989) "An algorithm for locating candidate labeling boxes within a polygon." *American Cartographer* 16(3):201—

209.

ROGERS，A.(1974) *Statistical Analysis of Spatial Dispersion：The Quadrat Method*. London：Pion.

ROOTMAN，P.J.(1988) "Blanke migrasie na Port Elizabeth，1990—1979"[White migration to Port Elizabeth，1900—1979]. *South African Geographer* 16(1—2)：68—80.

ROSCH，W.L.(1990) "Survivors：Desktop plotters face the competition." *PC Magazine*(March 27)：134—168.

SAMET，H.(1990) *The Design and Analysis of Spatial Date Structures*. Reading，MA：Addison-Wesley.

SAUNDERS，M. N. K.(1983) *The Growth of Nineteenth Century Barrow-in-Furness：Some Insights into Current Migration Theory*(*Discussion Papers in Geography 25*). Salford，England：University of Salford.

SCHROEDER，E.(1991) "MapInfo readies real-time vehicle tracking system." *PC Week*(November 4)：30.

SELKIRK，K.(1982) *Pattern and Place：An Introduction to the Mathematics of Geography*. New York：Cambridge University Press.

SHEPARD，D.(1968) A Two-Dimensional Interpolation Function for Computer Mapping of Irregularly Spaced Data(Geography and the Property of Surfaces，Paper 15). Cambridge，MA：Harvard Center for Environmental Designs.

SHERYAEV，E.E.(1977) *Computers and the Representation of Geographical Date*. New York：John Wiley.

SHIMBEL，A.(1953) "Structural parameters of communication networks." *Bulletin of Mathematical Biophysics* 15：501—507.

SMITH，R.M.(1986) "Comparing traditional methods for selecting class intervals on choropleth maps." *Professional Geographer* 38(1)：62—67.

SNYDER，J.P.(1987) *Map Projections：A Working Manual*(*U.S. Geological Survey Professional Paper* 1395). Washington，DC：Government Printing Office.

SNYDER，J.P.，and STEWARD，H.(eds.)(1988) *Bibliography of Map Projections*(*U.S. Geological Survey Bulletin* 1856). Denver：U.S. Geological Survey，Books and OpenFile Reports Sections.

SOUTHALL, H., and OLIVER, E.(1990) "Drawing maps with a computer...or without?" *History and Computing* 2(2):146—154.

SRINIVASAN, P.(1990) "Computational geometric methods in volumetric intersection for 3D reconstruction." Ph.D. dissertation, University of California, Santa Barbara.

STEFANOVIC, P., and DRUMMOND, J.(1989) "Selection and evaluation of computer-assisted mapping and geo information systems," pp.215—220, in W.J. Ripple(ed.) *Fundamentals of Geographic Information Systems: A Compendium*. Bethesda, MD: American Society for Photogrammetry and Remote Sensing and the American Congress on Surveying and Mapping.

STEWART, J. Q., and WARNTZ, W.(1968) "Physics of population distribution," pp.130—146, in B. J. L. Berry and D. F. Marble(eds.) *Spatial Analysis: A Reader in Statistical Geography*. Englewood Cliffs, NJ: Prentice-Hall.

SUTTON, J.(1988) *Lotus Focus on Graphics(5 vols.)*. Cambridge, MA: Lotus Development Corporation.

TAFT, D.K.(1991) "VA's GIS analyzes future health facility options." *Government Computer News*(April 1): 17.

TAYLOR, C.L.(1986) "A rectangular tessellation with computational and database advantages," pp.391—402, in B. Diaz and S. Bell(eds.) *Spatial Data Processing Using Tesseral Methods*. Newbury, U.K.: Digital Research Ltd., Oxford House, for the NERC Unit for Thematic Information Systems, University of Reading.

THOMAS, E.N.(1968) "Maps of residuals from regression," pp.326—352, in B.J.L. Berry and D.F. Marble(eds.) *Spatial Analysis: A Reader in Statistical Geography*. Englewood Cliffs, NJ: Prentice-Hall.

THOMAS, R.M.(1989) *Advanced Techniques in AutoCAD(2nd ed.)*. Alameda, CA: Sybex.

TOBLER, W.R.(1961) "Map transformations of geographic space." Ph.D. dissertation, University of Washington, Seattle.

TOBLER, W.R.(1968) "Geographic area and map projections," pp.78—90, in B.J.L. Berry and D.F. Marble(eds.) *Spatial Analysis: A Reader in Statistical Geography*. Englewood Cliffs, NJ: Prentice-

Hall.

Tomlinson Associates, Ltd. (1989) "Current and potential uses of geographical information systems: The North American experience," pp.167—182, in W.J. Ripple(ed.) *Fundamentals of Geographic Information Systems: A Compendium*. Bethesda, MD: American Society for Photogrammetry and Remote Sensing and the American Congress on Surveying and Mapping.

TUFTE, E.R. (1983) *The Visual Display of Quantitative Information*. Cheshire, CT: Graphics.

U.S. Bureau of the Census (1979) *Census Geography* (*Date Access Description 22*). Washington, DC: Government Printing Office.

U.S. General Accounting Office (1991) *Geographic Information Systems: Information on Federal Use and Coordination* (*Report GAO/IMTEC-91-72FS, September 27*). Washington, DC: Government Printing Office.

WAREING, J. (1981) "Migration to London and transatlantic emigration of indentured servants, 1683—1775." *Journal of Historical Geography* 7(4):356—378.

WARNECKE, L. (1990) "Geographic information systems: Team tries to find common ground for spatial data." *Government Computer News* (November 26):45—47.

WEISBURD, D., MAHER, L. S., and SHERMAN, L.W. (1989) "Contrasting crime general and crime specific theory: The case of hot spots of crime." Presented at the annual meeting of the American Sociological Association, San Francisco.

WILDGEN, J.K. (1989) "Gerrymanders and gerrygons: Microcomputer-assisted spatial analytic approaches to vote dilution detection." *Social Science Computer Review* 7(2):147—160.

WILLIAMS, R.E. (1987) "Selling a geographical information system to government policy makers." *URISA* 1987 3:150—156.

WILSON, A. G., and KIRKBY, M.J. (1980) *Mathematics for Geographers and Planners* (2nd ed.). New York: Oxford University Press.

WITSCHEY, W.R.T. (1989) "An architectural seriation of the pre-Hispanic structures at Muyil, Quintana Roo, Mexico." *Master's Abstracts* 28/04:512.

WONG，S.T.(1968) "A multivariate statistical model for predicting mean annual flood in New England," pp.353—367，in B.J.L. Berry and D. F. Marble(eds.) *Spatial Analysis：A Reader in Statistical Geography*. Englewood Cliffs，NJ：Prentice-Hall.

ZELAZNY，G.(1985) *Say It With Charts：The Executive's Guide to Successful Presentations*. Homewood，IL：Dow Jones-Irwin.

译名对照表

azimuth	方位角
bitmap	位图
census	人口普查
compass point	方位点
conformal projection	等角投影
contour line	等高线
dispersion	离差/散布
equator	赤道
feature	要素
geobase	地理数据库
geographic file	地理文件
geographic information system	地理信息系统
grid	网格
heterogeneity	异方差
homogeneity	同方差
isarithmic map/isoplethmic map/isopleth map	等值线地图
isoline/isopleth line/isometric line	等值线
Lambert conformal conic	兰伯特等角圆锥投影
latitude	纬度
layer	图层
longitude	经度
Mercator projection	墨卡托投影
meridian	子午线
neighborhood	社区
pixel	像素
prime meridian	本初子午线
projection	投影
qualitative variable	定性变量
raster	栅格
rezoning	再分区

scale	比例尺
SQL	结构化查询语言
stereographic	球面投影
topology	拓扑学
transverse Mercator projection	横轴墨卡托投影
vector	矢量

图书在版编目(CIP)数据

分析制图与地理数据库/(美)G.戴维·加森,(美)罗伯特·S.比格斯著;曾东林译.—上海:格致出版社:上海人民出版社,2017.4
(格致方法·定量研究系列)
ISBN 978-7-5432-2725-5

Ⅰ.①分… Ⅱ.①G… ②罗… ③曾… Ⅲ.①数据处理 Ⅳ.①TP274

中国版本图书馆CIP数据核字(2017)第033713号

责任编辑 张苗凤

格致方法·定量研究系列

分析制图与地理数据库

[美]G.戴维·加森 罗伯特·S.比格斯 著
曾东林 译 梁海祥 校

出 版 世纪出版股份有限公司 格致出版社 世纪出版集团 上海人民出版社 (200001 上海福建中路193号 www.ewen.co) 格致出版 编辑部热线 021-63914988 市场部热线 021-63914081 www.hibooks.cn **发 行** 上海世纪出版股份有限公司发行中心	**印 刷** 上海商务联西印刷有限公司 **开 本** 920×1168 1/32 **印 张** 5.5 **字 数** 92,000 **版 次** 2017年4月第1版 **印 次** 2017年4月第1次印刷

ISBN 978-7-5432-2725-5/C·171 定价:32.00元

Analytic Mapping and Geographic Databases
English language editions published by SAGE Publications of Thousand Oaks，London，New Delhi，Singapore and Washington D.C.，© 1992 by SAGE Publications，Inc.

上海市版权局著作权合同登记号:图字 09-2013-596

格致方法·定量研究系列

1. 社会统计的数学基础
2. 理解回归假设
3. 虚拟变量回归
4. 多元回归中的交互作用
5. 回归诊断简介
6. 现代稳健回归方法
7. 固定效应回归模型
8. 用面板数据做因果分析
9. 多层次模型
10. 分位数回归模型
11. 空间回归模型
12. 删截、选择性样本及截断数据的回归模型
13. 应用logistic回归分析（第二版）
14. logit与probit：次序模型和多类别模型
15. 定序因变量的logistic回归模型
16. 对数线性模型
17. 流动表分析
18. 关联模型
19. 中介作用分析
20. 因子分析：统计方法与应用问题
21. 非递归因果模型
22. 评估不平等
23. 分析复杂调查数据（第二版）
24. 分析重复调查数据
25. 世代分析（第二版）
26. 纵贯研究（第二版）
27. 多元时间序列模型
28. 潜变量增长曲线模型
29. 缺失数据
30. 社会网络分析（第二版）
31. 广义线性模型导论
32. 基于行动者的模型
33. 基于布尔代数的比较法导论
34. 微分方程：一种建模方法
35. 模糊集合理论在社会科学中的应用
36. 图解代数：用系统方法进行数学建模
37. 项目功能差异（第二版）
38. Logistic回归入门
39. 解释概率模型：Logit、Probit以及其他广义线性模型
40. 抽样调查方法简介
41. 计算机辅助访问
42. 协方差结构模型：LISREL导论
43. 非参数回归：平滑散点图
44. 广义线性模型：一种统一的方法
45. Logistic回归中的交互效应
46. 应用回归导论
47. 档案数据处理：生活经历研究
48. 创新扩散模型
49. 数据分析概论
50. 最大似然估计法：逻辑与实践
51. 指数随机图模型导论
52. 对数线性模型的关联图和多重图
53. 非递归模型：内生性、互反关系与反馈环路
54. 潜类别尺度分析
55. 合并时间序列分析
56. 自助法：一种统计推断的非参数估计法
57. 评分加总量表构建导论
58. 分析制图与地理数据库